月季

Rose Culture

张占基　主编

中国林业出版社

文化

图书在版编目（CIP）数据

月季文化 / 张占基主编. –– 北京：中国林业出版社, 2019.4

ISBN 978-7-5219-0005-7

Ⅰ.①月… Ⅱ.①张… Ⅲ.①月季—文化—普及读物

Ⅳ.①S685.12-49

中国版本图书馆CIP数据核字(2019)第058314号

策　　划：樊喜斌　何增明
责任编辑：何增明　袁　理
出版发行：中国林业出版社
　　　　　（100009 北京市西城区刘海胡同7号）
电　　话：010-83143517
印　　刷：固安县京平诚乾印刷有限公司
版　　次：2019年4月第1版
印　　次：2019年4月第1次印刷
开　　本：710mm×1000mm　1/16
印　　张：15
字　　数：300千字
定　　价：88.00元

《月季文化》编委会

序

中国是世界"园林之母"，有"植物王国""花卉王国"的美称。在这个绿茵葱茏、百花争妍、令人向往的美丽国度，无数的植物花卉被引种到全球，扮靓世界。

震维芳月季，宸极众星尊。这其中，就有起源于中国而开遍世界的月季。纵观花卉历史文化，月季在原产中国的花卉中，占据重要的地位和作用。相传，早在汉代中国就已经栽培月季，并随着古代丝绸之路的对外交流，而传遍世界，为现代月季的诞生发挥了决定性作用。因此，没有中国月季，就没有现代月季和世界月季的繁荣。

月季是我国80多个城市的市花，是拥有"市花"称号最多的一种花卉，月季也是许多国家的国花。月季在园林、绿化、生态等方面具有广泛的应用，月季在"东去西来"与世界蔷薇的不断反复杂交育种中，在与各国园林花卉的交汇融合中，形成了内涵丰富、多姿多彩的月季文化，成为生态文化和生态文明的重要标志和组成部分。

中国贡献给世界的植物花卉，彰显了生态文化和文明的自然属性与无穷魅力。《月季文化》一书，立足月季起源、传播发展的大视野，从会展、文学艺术、藏品、园林、生态、城市建设等方面，通过具体生动的月季文化形态和史料，立体展现了花卉文化的绚丽多彩。这既是我们作为园林、花卉故乡，传承和弘扬文化文明的使命担当，也是世界园林、花卉界对我们的寄托和期待。希望此书的出版，能进一步激起人们对花卉文化和产业的关注参与，为美丽中国、美丽世界和人类生态文明做出贡献。

2019年3月28日

前　言

　　文化是人类智慧和创造力的体现。月季文化是以月季为标志的蔷薇属内在的精神既有、传承、创造、发展的总和，涵括月季从过去到未来的历史；是以源自蔷薇的月季文化现象为研究对象而形成的文化体系。月季文化是月季发展的灵魂，是提升月季产业核心竞争力的内生动力，是推动月季产业发展的重要引擎。

　　从自然和物种起源看，月季具有唯一性；从文化属性看，月季具有多样性。作为蔷薇属标志之一的月季，兼容玫瑰香、蔷薇壮、自然美于一体，神坛上的月季至高无上，国家、城市里的月季代表形象，生活里的月季处处芬芳。从东方到西方，从中国汉代到古希腊、古罗马，从历代神话到宗教和妈祖信仰，从爱、美、和平、吉祥到诗词、书画与文学艺术，从图腾到国家、城市象征，月季文化不断升华，登临人类信仰寄托的巅峰。

　　月季蕴涵着人类文化的基因，是当之无愧的世界之花、文明之花。考古研究表明，月季基因的形成与人类的文化文明几乎同步，成为地球早期的生命；相传，从汉代即有分布在北纬33度至34度的中国古老月季，到与生长于北纬43度至51度之间的欧洲蔷薇杂交成功，现代月季经历了漫长的历程。以月季为标志的世界文化文明拉开帷幕，形成了一花一世界的壮丽图景。

　　2019世界月季洲际大会在中国南阳市举办。为弘扬月季文化，丰富大会内容，我们组织编写了《月季文化》一书。本书收集了国内外具有影响力的月季论述，精选了古今中外月季诗词歌赋和月季绘画，以及与月季文化相关联的蔷薇、玫瑰等内容，展示了月季摄影及书法、月季集邮及藏品等多样的艺术形式，记述了月季名园、月季之乡、月季城市（名城）的建设情况，呈现了中国月季花会活动举办的精彩历程，全面系统地反映了具有南阳地方特色的月季文化，致力于翔实丰富地展示月季文化的多样性，生动形象地呈现月季文化的多元魅力。

　　本书对蔷薇属蔷薇、月季、玫瑰名称的表述，分为植物学表述和文化概念表述。植物学表述以中文参考拉丁文为准，文化概念表述除习称或特定称谓，均使用"月季"。

　　月季文化是月季花会举办的重要内容，举办一届有特色、有内涵的月季盛会无不彰显着月季文化元素。本书对月季文化形态进行了系统收集、深入发掘，并集录成册，以此献礼2019世界月季洲际大会，力求为本届大会呈献丰富的月季文化盛宴。希望此书的出版能够引起专家学者、月季文化爱好者及社会各界的高度关注，共同致力于推动月季文化发展，使其成为中华文化中一枝绚丽的奇葩！

编者

2019年3月12日

"The Cultural Journal of 2019 WFRS Regional Convention, Nanyang" conveys rich information of rose culture to the world, which is an excellent rose cultural feast that Nanyang, China and this Convention provided to the world.

KELVIN TRIMPER
IMMEDIATE PAST PRESIDENT
WFRS
2018-09-27

Nanyang makes the world listen to the sound of roses blossoming, it is beautiful because of roses, and spectacular because of culture.

27. 09. 2018

Helga Brichet
W.F.R.S. Past President
Chairman Convention
Liaison Committee

2019 WFRS Regional Convention held in Nanyang is not only a global professional grand meeting but also a grand meeting for rose culture exchanges

Dr Gerald Meylan
Int President WFRS
2018.09.27

月季集郵走向
世界郵票文化
傳遍五洲

祝賀二〇一九南陽世界月季洲際
大會召開 戊戌年四月 楊利偉

月季連五洲
郵票傳文化

祝賀二〇一九南陽世界月季洲際大會召開
戊戌年臘月 楊利偉

文化是人民軍
永不潮汐的故魂

2013·4·13

目　录

月季
Rose Culture

文化

1

月季文化鉴赏

世界月季联合会的作用

世界上没有任何一种花像月季这样广受欢迎，它是人们最喜爱，也是最常使用于拍摄、最频繁被提起的一种花。

美丽且芬芳的花通常是人类历史上最早被记录的花，也是早期手稿和绘画的主要表现特征，它们在婚礼、丧礼等仪式中逐渐被融入到历史当中，尽管没有具体的时间记载，但这些花可以追溯到早期的文明当中。今天月季仍然以许多种不同的方式，出现在我们的生活中。

世界月季联合会主席凯文·特里姆普2018年4月在南阳花卉产业论坛讲话《世界月季联合会的过去和未来》

月季花适用于婚礼、丧礼、庆典、毕业典礼、生辰、情人节、母亲节，国家层面和宗教活动每年都将使用成千上万的月季花瓣或月季花的制剂。我们都知道月季在中国非常受欢迎，也是很多城市的市花，是包括南阳市在内的许多地方节日和庆祝活动的主题，也是艺术家、作家创作的主题，更具有文化、医药、香水、酒精、饮料和食物等广泛的用途。月季占中国鲜切花产量的三分之一，越来越受到人们的关注。和世界上许多国家一样，中国有很多的月季公园，分布在中国广袤的大地上。

北京植物园月季园、广东深圳人民公园和常州紫荆山公园三个月季公园，得到了世界月季联合会杰出园艺奖的殊荣，奠定了这些公园的国际地位，晋身于世界一流水平的月季公园之列。北京大兴世界月季主题园，2018年被提名为世界月季联合会杰出园艺奖的获得者。月季有不同的形状和大小，这也使得它在景观中适合使用。单棵的月季最小可以达到0.3米×0.3米，如微型月季，也可以达到如灌木一般高大，可能达到5米、或者是8米，匍匐月季的茎可长达20米。

月季可以种植在花盆或其他容器中，单独展示或与其他花在花园中一起展示。月季的另一个特点是可以嫁接在不同的树木上，可以使其成为长茎月季或者是垂茎月季。这种种植方式在中国尤为普遍，特别是在南阳，花的形状和颜色的多样性，加上品种众多，使人们可以选择自己喜爱的不同形状、类型和颜色的花。另一个特点是月季有花香，其强度和气味与其他花有很大的差异性。目前香味已作为选择新品种的重要标准，没有什么比种植香水月季更美的了，尤其是在清晨月季花最香的时候。

对月季感兴趣的团体最早起始于150年前。1876年，在英国成立的皇家国家玫瑰协会是第一个，现在月季联合会在世界许多国家都已经成立，共同分享月季知识。1960年后期，名为世界月季联合会的全球性组织计划筹备，在过去的20年中，中国已经成为这一组织中的重要成员。世界月季联合会是40个国家月季联合会的总称，代表着世界各地的月季爱好者，主要目标是，使月季爱好者广泛接触并推动月季知识传播。世界月季联合会于1968年在英国伦敦成立，最初的成员包括澳大利亚、比利时、以色列、新西兰、罗马尼亚、南非、英国和美国。1971年，在新西兰哈密尔顿举办的第一届世界月季联合会大会上，通过了联合会的章程，加拿大、印度、日本和瑞士加入联合会，成为最初的成员。联合会成立之初，确立了如下目标：第一是鼓励和促进各个国家的月季联合会交流有关月季的信息和知识；第二是协调举办国际会议和展览；第三鼓励和赞助有关月季的研究；第四建立月季苗木的通用标准；第五协助协调月季名称的登记工作；第六建立统一的月季分类体系；第七授予国际荣誉和奖励；第八鼓励和推进有关月季问题的国际合作。其中一些目标比较容易实现，但是要实现所有目标非常困难、也非常重要。

我认为分享月季知识是世界月季联合会现在的重要任务。我们知道，对一个事物了解得越多，就需要学习得越多，这个原则同样适用于月季。我们对月季的兴趣是多种多样的，有许多特质吸引着我们，包括月季的起源、发展、新品种、在不同气候条件下的种植方式，在景观和花园设计中如何使用月季，花卉布置中使用切花或盆花等不同类型的月季；香水、化妆品、烹饪、饮品以及作为艺术题材和邮票来多种运用；婚礼、情人节、丧礼、生日、周年纪念等重要场合的使用，这些特定的主题信息量是巨大的，遍布世界各地，每天都延伸出更多的月季文化。通过举办会议，发现发布世界月季新闻，世界月季联合会是分享这些知识的重要平台。我们的网站、"脸书"以及其他社会社交媒体，个体间实现了直接交流。这些是通过世界月季联合会的朋友或熟人实现的，他们都是由世界月季联合会成员国直接组织的，或者是由世界月季联合会推动的，也包括月季实验、国际会议和展览，我介绍一下世界月季联合会每三年举办一次的世界性月季大会，2018年第十八届月季大会将在丹麦的哥本哈根举行，2021年世界月季大会将在澳大利亚的阿德莱德举行。这些会议都是重大的活动，有丰富的内容和实用的讲座，有世界月季联合会的会议和重大的开幕式、闭幕式。重要的月季公园、书籍和个人奖项也将在这些重要场合进行颁发。

世界月季联合会每三年举办一次世界性古老月季大会，上一届是在中国北京大兴举办的，下一届将于2020年在比利时的布鲁塞尔举办。月季大赛是评判和比较新近培育品种的普及程度、在世界范围内的高度，特别是在欧洲，两个著名的例子是芭莎泰勒和萨达哈根。位于法国的芭莎泰勒1907年举办第四届月季大赛，随后这一比赛逐渐成为世界上最著名的月季大赛之一，2007年它迎来了100年的庆典。德国的萨达哈根月季大赛也有60多年的历史，萨达哈根第一届国际月季大赛于1952年举办，先于月季新近公园的建立。该项比赛是1981年，在进行比赛当中，月季由当地和国际的专家统一评估，许多园林采用世界月季联合会统一制定的标准，涵盖了开花、新奇性、抗病性、植物习性和香味等一些特色。获奖月季意味着它适应当地的气候，并为希望在公园和森林花园中种植这些月季的人提供很好的指导。

大会的日期和比赛结果都在世界月季联合会的网站上公布，我们也期待着将来能有一项在中国发起的月季大赛。目前世界各地共有28个国际月季大赛。世界月季联合会支持新品种月季正式、全球性注册，这项工作由美国月季联合会承担。作为国际月季品种注册管理局，世界月季联合会还支持向培育月季的育种者支付费用，但可惜并不是所有品种都能够达到这个要求，而这也是我们希望通过世界月季联合会育种俱乐部重点解决的一个问题。

世界月季联合会的成员国还投选、评选出了个人花园以及书籍被提名为世界月季联合会杰出园艺获得者、世界月季联合会文学奖获得者，此外为世界月季联合会提供出色服务的个人还可以获得金银奖章、银牌或者铜牌，这些奖项体现了高质量的卓越标准或杰出贡献在全世界受到重视和认可。

我的故乡，澳大利亚有三个花园获得了杰出园艺奖的殊荣。总之，世界月季联合会是一个非常重要的全球性组织，促进和实现了40多个国家10多万人在有关月季种植和使用方面问题的交流和合作。欢迎各位参加自己感兴趣的世界月季联合会活动，我们深信，您会喜欢与世界各地的人交朋友，并丰富您在世界上最喜爱的花——月季花方面的知识。我希望在2019年南阳的世界月季联合会洲际大会上再一次见到大家！

（根据世界月季联合会主席凯文·特里姆普在2018年4月南阳花卉产业论坛讲话录音部分整理）

对中国古老月季的评价

关于中国在月季发展史上的作用，通过全球育种家的努力，把它从野生植物发展为最新的品种，中国无疑是它得以发展到今天辉煌程度的奠基者。中国园丁早在他国之前就不断培育和开发，特别是利用大花香水月季（*R. gigantea*）和月季（*R. chinensis*）开发新品种，如果没有几千年来勤奋和追求完美的中国园丁的贡献，那些18世纪末将革新之风带来欧洲的月季品种就不可能存在。中国古代月季品种抢救性的收集并保存之事，无疑非常重要，否则它们将在人们赞赏和为之骄傲之前就不复存在了。

世界月季联合会会议委员会主席海格·布里切特

月季今天在世界许多地方有着如此重要的经济地位，在我看来，中国应当建立一所（或在国内各处建立多所）活生生的月季博物馆，让学生和参观者能回溯月季的发展历史。另一方面，应在财政上支持在荒野开展持续研究，以寻找有待发现的其他野生品种。

同时还应考虑，是否在适当的时机来修订《中国植物志》，可由此添加近年来的新信息和新发现。很高兴能看到最近出版的新书《中国现代月季》，不仅介绍了中国培育的现代月季品种，还宣传了当代中国的月季培育者。也许可以考虑搞些系列宣传册或每周电视介绍，以便普及有关月季知识，让人们为自己祖国在这方面的贡献而骄傲。

希望这些意见能有助于说服有关方面的决策者，以推进月季事业的发展。

（根据世界月季联合会会议委员会主席海格·布里切特致王世光的信件整理）

月季文化论点摘要

马克思关于月季的论述

马克思在《评普鲁士最近的书报检查令》一文中说："你们赞美大自然悦人心目的千变万化和无穷无尽的丰富宝藏，你们并不要求玫瑰花和紫罗兰散发出同样的芬香，但你们为什么却要求世界上最丰富的东西——精神只能有一种存在形式呢？""报刊是公众的捍卫者，是无处不在的眼睛，报刊有权冒犯从事社会活动的人。必须记住，不带刺的玫瑰是没有的。"

月季文化解读

月季起源于中国，距今已有2000多年的历史。18世纪中期，中国古老月季传入欧洲，与当地原产的蔷薇品种反复杂交和回交，才诞生了花香、色艳、风姿绰约的现代月季品种。经过2000多年的传承、演变、交流和发展，月季被赋予了丰富的文化内涵。由于东西方文化的差异，月季的文化解读也不尽相同。在欧洲，月季代表着圣洁、和平和爱情。在国人眼中，月季更是生命长春和顽强奋斗的精神象征。总而言之，月季承载着人们对生活的美好祝愿，对世界和平的强烈渴望，是表达友谊、欢庆与祝贺的首选。

圣洁

天主教中，"玫瑰"代表着圣母玛利亚。在科隆画派画家斯特凡·洛赫纳（Stephan Lochner，约1405－1451年）的作品《玫瑰亭中的圣母玛利亚》和马丁·舍恩高尔（Martin Schongauer，1435－1491年）的作品《玫瑰篱笆内的圣母玛利亚》中都绘有红白两种玫瑰。白色玫瑰代表她的谦逊，红色玫瑰代表她的仁爱。所以圣母玛利亚又被称为"玫瑰圣母"，也有人说象征圣母的是无刺的玫瑰，意味着圣洁、高贵和美好。

天主教徒用来敬礼圣母玛利亚的祷文《圣母圣咏》，又被称为《玫瑰经》。"玫瑰经"一词来源于拉丁语"*Rosarium*"，意为"玫瑰花冠"或"一束玫瑰"。《玫瑰经》意喻着连串的祷文如玫瑰般馨香，敬献于天主与圣母身前。

《圣经》中也多次提到了玫瑰，如"七座大山长满了玫瑰和百合""那里我像一棵雪松一样增长……像玫瑰一样开放""旷野和干旱之地必然欢喜，沙漠也必快乐，就像玫瑰开花，必开花繁盛""听着，我诚恳的儿子，像溪旁的玫瑰一样开放""就像一天中早晨的玫瑰花一样"。

上图左 由德国15世纪下半叶著名的铜板画家油画画家马丁·松高尔创作"玫瑰篱笆内的圣母"
上图右 德国画家斯特凡·洛赫纳木板油画，"玫瑰亭中的圣母" 51×40cm，大约创作于1440年
下图 巴黎圣母院的玫瑰窗，世界玫瑰窗中非常著名的一个。玫瑰窗也称玫瑰花窗，为哥特式建筑的特色之一，指中世纪教堂正门上方的大圆形彩色玻璃窗。

在天主教堂中，有哥特式的"玫瑰窗"（Rose Window）、玫瑰浮雕和花纹等建筑装饰品，其中著名的当属巴黎圣母院中的"玫瑰窗"。"玫瑰窗"是一种仿照玫瑰花的形状及滑板的圆形窗户，以漂亮的彩色玻璃镶嵌其中，拼组成一幅幅五颜六色的宗教故事，生动形象的向民众宣传教义。试想一下，在阳光照耀时，"玫瑰窗"可以把教堂内部渲染得五彩缤纷、炫彩夺目，大大增加了教堂内部的生动效果。同时，这种视觉上美轮美奂的愉悦使教众感受到来自天国的圣洁与神力，不禁产生对天国及神明的崇拜感，诱发他们得到心灵救赎、实现走向天国的美好愿望。

爱情

在希腊神话中，玫瑰是爱与美的化身。爱神阿佛洛狄特（Aphrodite）的情人阿多尼斯（Adonis），他在狩猎时被野猪咬伤致死。当爱神跑到他身边，悲痛欲绝，在他的血液和她的泪水的混合物中长出了美丽的、芳香的、血红色的红玫瑰。这个故事的另一版本是，阿佛洛狄特为了寻找阿多尼斯，奔跑在玫瑰花丛中，玫瑰刺破了她的手，刺破了她的腿，鲜血滴在白玫瑰的花瓣上，从此白玫瑰变成了红色的，红玫瑰也因此成了坚贞爱情的象征。

相传，在古罗马时期，每年的2月14日人们要敬拜天后朱诺（Juno），因为她是女性婚姻幸福的保护神。这一天，陷入爱河的男女皆用红色的玫瑰花送给自己的心上人，表达浓浓的爱意，后来玫瑰就被世人冠以"爱情之花"的称号。情人节送玫瑰的传统也就一直延续至今。

现代社会人们对于不同颜色、不同朵数的月季分别赋予不同的爱情涵义。如红色代表爱情、高贵、优雅，白色代表圣洁、崇高，粉色代表初恋、感谢，黄色代表珍重、祝福。11朵代表"一心一意"，99朵代表"天长地久"等。

和平

'和平'月季是第二次世界大战期间法国人弗兰西斯·梅朗在法西斯铁蹄下精心培育的品种。为了保护这个新生的品种不致遭受纳粹的践踏，他把它分送到几个国家栽培。美国园艺家焙耶收到后，立即将其分送到美国各地繁殖。原来它没有统一的名字，1945年美国月季协会将其命名为'和平'，以表达当时世界人民对于和平的殷殷期盼。巧合的是就在"和平"月季命名的这一天，苏联军队攻克柏林，法西斯灭亡。同年联合国成立并召开第一次会议时，每个与会代表房间的花瓶里，都插有一束美国月季协会赠送的'和平'月季，上面写着：我们希望"和平"，月季能够影响人们的思想，给全世界以持久和平。

为了纪念在第二次世界大战期间，被法西斯迫害的无辜百姓，1955年，在一个叫里斯底的村子中建起了一个月季园，其中主要的品种是'和平'。世界上许多国家也都建有和平月季园，以表达对和平的渴望和对侵略者的痛恨。可以说，'和平'月季从诞生之日起，就是和人们反对战争、热爱和平、增进友谊的美好愿望联系在一起的。

'和平'月季被公认为是20世纪最伟大的月季品种，先后获得美国AARS奖、英国RNRS奖、世界月季联合会WFRS奖。'和平'月季备受育种家的青睐，培育出了系列优秀月季品种，如'粉和平''火和平''芝加哥和平''和平之光''北京和平'等。

长春

月季在中国又被称为"月月红""长春花""斗雪红""胜春""人间不老春"等，因其具有四季长春、连续开花的特性，历来被文人骚客咏颂赞扬。

宋代诗人杨万里在《腊前月季》一诗中这样描述："只道花无十日红， 此花无日不春风"，以此来形容月季四季开花不断、似春常在的美好。这短短的14个字也成为咏叹月季的绝世佳句，家喻户晓，人人传颂。此外描写月季四时常开的诗句还有苏轼《月季》中的"花落花开无间断，春来春去不相关……唯有此花开不厌，一年长占四时春"。韩琦的"何似此花荣艳足，四时常放浅深红"。宋月季花图纨扇本题诗："花备四时气，香从雁北来，庭梅休笑我，雪后亦能开"。宋代徐积在《长春花》一诗中以似嗔似怨的语气赞美月季："曾陪桃李开时雨，仍伴梧桐落后风。费尽主人歌与酒，不教闲却买花翁。"

顽强

描述月季的诗文不胜枚举。古往今来，勤劳勇敢、热爱生活的人们从月季在冷暖四季中，依然繁花盛开的现象中悟出了一些人生哲理。要做像月季一样的人，无论在何时何地、何种条件下都要保持自己的本色，持之以恒、一如既往地完成使命。

千百年来月季深受中国人民的喜爱，不仅是因为它花姿优美、花香馥郁、四时常开，更重要的是它顽强生长的姿态象征着国人的精神风貌，顽强不息、不屈不挠、坚忍不拔。正如苏辙在《所寓堂后月季再生》一诗中描写："何人纵寻斧，害意肯留卉。偶乘秋雨滋，冒土见微苗。猗猗抽条颖，颇欲傲寒冽。"表现出月季非常顽强的生命力和敢于与恶劣环境搏斗的精神。

从两个方面可以理解月季生命力的顽强。其一，月季的繁殖能力极强。剪个枝条插在盆里，就能生根、发芽、开花。地上部分受到破坏或齐根修剪，只要根在，来年春天依然繁花似锦。其二，月季可以在极其恶劣的环境中生长。北京故宫博物院收藏的清代画家居廉的国画作品《花卉昆虫图之月季》，描绘了一株生长在岩石缝中的月季，不论土地多么贫瘠、虫子如何啃咬，依旧枝繁叶茂、花开朵朵。据月季栽培大师孟庆海先生所讲，在山东成山头的礁石缝中生长着一株百余年的野生玫瑰，面对着风吹浪打的恶劣条件仍然顽强生长，年年开花。这种与自然抗争，顽强生长的精神让人折服。

吉祥

"季"同"吉",由月季花组成的图案象征吉祥。因为月季代表的美好象征,无论皇家还是民间百姓,都喜欢用月季图案做装饰。流传至今的瓷器上大量绘有月季纹饰,这也是中国月季悠久栽培历史的证明。明代有"月季花"和"鸡"组成的"双吉"图案,"斗彩鸡缸杯"就是典型代表。清代有五彩十一月季花神杯,月季花随风摇曳,红花争艳,寓意吉祥、吉利。

自古以来,描写月季的诗歌、散文等文学作品,颂扬月季的绘画、摄影作品,反映月季形象的工艺品,以月季为主材的插花艺术作品等层出不穷,月季已经深入到我们的精神文化生活之中。国家邮政局还专门为我国自育的月季品种'上海之春'等发行特种邮票一套6枚。

此外,人们还以月季为原料来制造各种产品,如玫瑰酱、玫瑰酒、玫瑰精油、玫瑰饼、玫瑰蜜。还用月季花瓣熏茶叶,用干花瓣做成香花瓶、香花袋等等。可见,月季也已渗透到我国饮食文化、酒文化、化妆品、装饰品等物质生活的各个领域之中。

(刘青林　连莉娟)

斗彩鸡缸杯

月季花神杯

中国月季文化探究

中国月季文化

实物文化　在我国，月季花的栽培历史已有2000多年，我们现在所说的月季多指现代月季，是以中国月季为亲本，同欧洲当地蔷薇反复杂交形成的，属蔷薇科蔷薇属植物。月季花因花茎硕大、色彩丰富而受到人们的喜爱，其四季开花的特性象征着美好与永恒。现代月季的演化过程证明了中国月季作为决定性因素影响着月季繁殖栽培历史，可以说没有中国月季，就不会有今天品质优良的现代月季。据2000年4月*Modern Rose XI*收录，现代月季品种约有25000个；另据2016年5月，中国花卉协会月季分会、2016世界月季洲际大会组委会编印《2016世界月季洲际大会暨第14届古老月季大会论文集》第91页，法国斯特拉斯堡大学植物分子生物学研究所帕斯卡·黑茨勒在《利用分子生物学方法解决月季物种分类和古老月季谱系的问题》一文中II.栽培品种多样性评价："世界上大约有35000个月季品种，……"。按照株型、花径和开花习性等特征分类，中国花卉协会月季分会将常见的现代月季品种分为杂种香水月季、聚（丰）花月季、微型月季、蔓性月季和藤本月季五大类。多样的月季品种是月季花文化实物层面的基本载体。

景观文化　多样的月季品种造就了丰富的月季景观，国内自20世纪50年代开始先后建成了多座月季园，如天坛公园月季园、首钢月季园、深圳人民公园中央岛月季园、北京植物园月季园、山东莱州中华月季园等，月季园的建设是月季文化景观层面的直接表现。中国月季展已举办了八届，这对中国月季文化在城市发展、人居环境建设、国际交流与合作等方面的普及有极大的促进作用。月季饮食文化、酒文化、装饰文化逐渐走入人们生活的文化景象无一不体现着中华民族文化的内在本质。

功能文化　月季不仅具有美化环境的能力，还能够净化空气、减少粉尘与噪声

左图 天坛公园月季园　**右图** 美化环境

污染。月季花有较强的抗真菌作用，其提取液在3%浓度时对17种真菌有抗菌作用。与月季相关的生产与贸易产业，不仅创造了大量的就业机会，也创造了可观的经济效益。

价值文化　不断被提高的花文化价值与人类日益增长的物质及精神需求是相辅相成的。古老月季的有限特性，如花径尺寸、花色种类、花期范围的局限，已无法满足人们对于月季寄予的更高期望，所以人类通过不断的栽培试验创造了品质更加优良的现代月季，并不断尝试创造新优品种，提升了月季的价值。

观念文化与符号文化　人类在对月季认知与应用过程的探索中，逐渐形成了其独有的主观意识形态，月季也被赋予了更多符号化的象征。

◎ 以月季颜色、品种及花朵数量为寓意的月季花语

在月季颜色、品种及花朵数量上，均有符号式的转化，有些虽是源于西方思想的渗透，但中国人已普遍接受并沿用。月季花颜色十分丰富，除黑色外的各单色花均有分布，甚至还出现表里双色系及混色系，而不同的颜色代表了不同的花语，如白色代表"纯洁"、黄色代表"道歉"、红色代表"热恋"等。月季品种被赋予了特殊的寓意，如The China Rose表示"优美或更加美丽"。花朵数量也代表不同的花语，如1朵代表"你是我的唯一"，3朵代表"我爱你"，10朵代表"十全十美"，100朵代表"白头到老"，999朵代表"天长地久"，1000朵代表"至死不渝"等。

月季仙子，2009年12月建成。整个雕塑高11.6米，正面雕有"月季仙子"四个大字，两侧为月季仙子飞天图案，由汉白玉雕刻拼装而成。雕像创作来源于神话传说，月季仙子是花中之魁，勤劳和美丽的化身，雕像从设计到安装完成历经半年时间。

◎ 以月季为主题寄托的文学、艺术作品

因为中国人常将月季作为永恒的象征，因此月季常作为各类文学、艺术作品的主题寄托。如关于月季仙子的传说及山东莱州中华月季园内高达十余米的月季仙子雕塑，寄托了人民对于美好生活的殷殷期盼。古今描写月季的诗词以及以月季为主题的书画作品数不胜数，诗词常采用托物言志的表现手法寄托自身情怀，书画通过作者对月季细致入微的观察将个人理解跃然纸上。如宋代文学家苏轼所写："花开花落无间断，春来春去不相关。牡丹最贵惟春晚，芍药虽繁只夏初。唯有此花开不厌，一年常占四时春"。描写了月季默默无闻、四时常在的奉献精神，以体现自身对人生的思考。

◎ 以月季为题材的邮票

自1949年中华人民共和国成立至2013年，我国发行的以花卉为题材的邮票已达23套140余枚，而其中有三套的花卉题材均选择了月季花，如1984年发行6枚T93《月季花》特种邮票，1997年发行2枚1997-17《花卉（与新西兰联合发行）》特种邮票，2011年发行《花卉》个性化服务专用邮票。邮票常体现一个国家或地区的历史、科技、经济、文化等特色，又具有邮政价值之外的收藏价值，月季作为中国十大名花之一，可见在国家花文化对外宣传层面具有重要意义。

◎ 以月季为市花的城市

城市的市花通常选择一种能广泛栽植并反映城市性格的优质花卉，将月季作为市花的城市逐年增多，至今已达到80多个。如此之多的城市选择月季作为市花充分证明了月季极强的生长能力以及优良的文化寓意，它作为一张城市名片，向外界展现城市性格。

中国月季文化未来的发展

月季园建设

目前，人与月季最直观、最频繁的交流方式是月季园游赏活动，国内已建成的月季园主要以品种展示见长，对月季文化的关注较少。今后的月季园设计应注重与月季文化的巧妙结合。对于月季园的设计不仅要关注场地现状、园区形态、月季品种，更应关注本土月季文化。通过富有特色的月季园标识系统调动游人游园兴趣，并保证标识系统的信息输出有实际意义。月季园内可适当开展供游人参与的娱乐活动，如土地整形、植株栽植、植物灌溉、后期养护、生长记录、标签分配等。月季园甚至可以作为一个教育中心，让学生、教师、游客参与到月季园的园艺训练计划中。月季园的游客服务中心除设置基本功能外，可出售各类园艺生产产物，如书籍、月季幼苗、栽培工具、特色纪念品等。

城市绿化建设

城市绿化建设同市民日常生活密切相关，良好的环境绿化可为市民提供更为舒适的公共活动空间。月季丰富的品种、极强的适应能力与多样的生长类型使其在园林植物景观设计中的应用方式较为灵活。月季可与多种乔、灌木及草本植物自由组合，形成的园林植物景观颜色丰富、种类多样、空间构成灵活，因此在城市绿化建设时月季不失为一种优良的园林植物品种。

月季插花

加强民族文化的内外宣传　我国现有以月季为市花的城市80多个，城市推广月季花文化程度不一。享有"中国月季之乡"美誉的山东莱州栽培月季历史已达630年之久，保存月季品种600多个，在城市绿化建设方面十分注重月季的推广使用与花文化的宣传普及。中国月季文化在世界月季文化的发展脉络中有着举足轻重的地位，中国月季文化不仅应在国内大力宣传，还应作为中华民族优秀传统文化名片向全世界推广。2014年11月，APEC领导人非正式会议期间，中国传统插花艺术首次在重大国事活动中精彩亮相，成为了北京APEC会议中的一大亮点，之后在雁栖湖国际会议中心集贤厅内召开的领导人圆桌会议上，圆桌会议中心花坛设计同样向各国领导展示了我国传统的哲学思想，也体现了中华民族的传统文化。中国花文化属于中华民族文化的重要组成部分，中国月季文化作为中国花文化的一个重要分支，有义务肩负起中华民族优秀传统文化对外交流的重要责任。

注重同其他文化类型的交流　目前，对于中国月季文化的研究仍然停留在月季文化本身，随着环境与社会的不断发展，月季文化必然会不断扩展，并同其他的文化类型发生碰撞。未来在关注中国月季文化自身发展的基础上，应积极创造同其他文化的交流机会，使中国月季文化的发展具有多样性与流动性。

中国月季文化是综合而复杂的，对于中国月季文化的研究仅是一个开始，今后我们应不断构建更为系统、更为清晰、更为广泛的中国月季文化框架。中国月季文化内涵丰富，发展空间富有弹性，未来的中国月季文化在扎根深层、汲取更多营养的基础上，更应探索同其他文化类型的耦合关系。

（胡楠　李雄）

妈祖花文化

月季在莆田沿海人们称为"妈祖花"。1993年8月26日，莆田市人大常委会决定"月季花"为莆田市市花。

莆田既是妈祖文化的发源地，又是"妈祖花"的发祥地。在莆田沿海地区，人们称月季为"妈祖花"，孩子出生满月时，便把月季插在母亲的头上，以示妈祖赐的花。当地本土月季品种俗称'张春'，在莆田有悠久的栽培历史，因其四季常开而在民俗方面被视为祥瑞，有"四季平安"的意蕴。其与天竹组合具有"四季常青"的意蕴，与侧柏组合具有"百子千孙""吉祥如意"的象征，因此被广泛应用于民俗文化礼仪中。作为莆田地区风土花卉品种，在市井的耳濡目染与街巷的口耳相传中早已化身为具有特殊地位的民俗文化风貌元素。

1992-12T《妈祖》特种邮票

妈祖，原名林默，生于宋建隆元年（960）。相传她自出生至满月都不啼不哭，故取名"林默"。她"幼而聪颖，不类诸女"，8岁时从师训读，十几岁时，"喜净几焚香，诵经礼佛"，长大后，决心终生行善济人，在海上救苦救难，民间流传着许多关于她救助渔民和商船的神话故事。宋雍熙四年九月初九（987年10月4日），年仅28岁的林默在湄州岛"羽化升天"，黎民百姓即建"妈祖庙"奉祀，渔民传说她仍然飞翔在海上，时常显灵保佑船只，拯救海难。宋、元、明、清各朝对妈祖均有敕封，从"夫人""天妃""天后"直至"天上圣母"。

1992年10月4日，邮电部发行妈祖像邮票一套一枚，画面为矗立在湄州岛湄峰上的巨型妈祖石雕，这座雕像高14.35米，由厦门大学艺术教育学院的李维祀、蒋志强创作，所雕妈祖头戴凤冠、冕旒，身着龙袍，外披斗篷、云肩，内饰霞帔，双手抚持如意如抱小儿状，双眼注视前方，显得庄严大度，既有阳刚之气，又慈祥仁和，富有母爱情感。

妈祖信仰起源于宋代，伴随着人类对于宗教信仰的多元化而诞生，发源地为中国沿海的福建莆田。妈祖信仰源于海洋，是在中国海洋时代真正拉开序幕的宋代，随着海洋利益得到日益重视和海事活动持续昌盛应运而生的。在千年的嬗变演绎中，其内容、形式、功能、影响等也在随着时代变化而不断丰富和发展，形成了中华传统文化中一种独立的文化形态——妈祖文化。并在海上丝绸之路走向鼎盛的宋元明代，特别是明代郑和七下西洋的过程中，作为中国公认的最高海神，既护佑着郑和船队完成七下西洋的伟大壮举，又促进其信仰和中国海洋文化思想在世界各地的传播。随着2009年"妈祖信俗"被联合国教科文组织列入《人类非物质文化遗产代表作名录》，妈祖文化更是成为全人类尤其是21世纪海上丝绸之路沿线国家共属的精神财富。

据不完全统计，目前，全世界建有妈祖庙（宫）5000多座，其中福建、台湾最多，仅台湾就有3000座；国外有135座，分布在韩国、新加坡、美国、法国、巴西等20多个国家和地区。妈祖信众已有两亿多人，妈祖文化在现代社会中具有凝聚情感、强化文化认同、充当人际沟通桥梁的作用。妈祖文化所饱含的人文关怀和悲天悯人的精神，有助于缓解人与人之间的冷漠、对立乃至敌对的关系，进而有助于建立人与人之间的友爱、和谐关系，促进社会和谐共荣。

略论南阳月季的可持续发展之路

南阳的月季可以说发展到了一个非常重要的阶段，回顾这十几年或者近30年的情况，南阳的月季发展非常迅速，10年之前来的时候和现在完全是两个感觉。10年前我们刚到石桥镇，月季的应用和品质提升确实还差得很远。

在党的十八大和十九大以后，可持续发展这个理念已经深入到每个角落。其实这一理念对于月季来讲，特别是对于南阳的月季产业来讲也是一个非常重要的话题。可持续发展并不是我们所想象的仅仅是一个能够后面维持的、或者说继续发展的一个场景。而是要从其原意来讲，更多的是从环境、社会、经济、文化的角度，这是能够保证社会稳定发展的一个模式，是长久维持的一个过程或者状态。

月季产业发展到现在，要考虑到10年以后、20年以后、50年以后往什么方向发展。我们可以看到南阳百里月季长廊的水平，昨天我们去看的月季博览园也非常壮观。如果第一次来看，确实都会觉得南阳的月季让人惊叹。但是，南阳每年生产的树状月季，都是从山上砍伐无数的野生资源作为代价的，去年我们来到南阳的时候就发现了。其实对于野生资源的这种采集和利用已经不仅仅是局限于南阳，已经波及长江流域，甚至是缅甸。那么，什么叫可持续发展，什么叫不要吃子孙饭，什么叫造福子孙后代？就是说当代人做什么事情的时候既不能侵犯或者影响其他人的利益，更不能影响我们子孙后代的利益。当然，我们现在为了经济发展，为了快速富起来，可能会不择手段，不仅仅是在月季这个行业。为什么我们现在没有干净的河流，只要是能够值钱的东西都拿去卖了。当然雾霾在南阳不是特别严重，很多地方为了所谓的经济发展，连一口能够呼吸的新鲜空气都没有，这样的一种发展模式是背离可持续发展这个理念的。所以，在看到这种表面非常繁荣状态的同时，要有一点警醒的意识，这是一个牺牲自然资源作为代价的虚假繁荣。

月季产业可持续发展中非常重要的是知识产权问题。这两年国际月季产业方面的人士一直都试图在与我们进行接洽，特别是关于知识产权的问题。南阳的月季确确实实已经走出国门、走向世界，已经出口到欧洲。那么出口欧洲的情况是什么样，一年有几百万、几千万集装箱拉过去，差不多一株0.3欧元左右，卖到3元人民币，当然一次性卖到200万或者600万元人民币回来觉得也不错。但是，现在直接从欧洲买月季，一棵在10美元或20美元以上，所以我们0.3欧元的月季到了欧洲以后换一个包装进入花园中心，然后它的价格就变成了10美元20美元，也就是差不多一百多块钱（当时汇率1欧元=10人民币）。平白无故的涨了几十倍，甚至50倍都有可能。为什么会出现这个情况？就是因为没有核心技术、没有品种权，可以说是腰杆子不硬。

法国梅昂公司有某些特殊的种植场，这些品种已经在这些场地里种植15年了，有些地方有活的，有的地方已经没有了，这个地方培育出的新品种基本不进行任何的人工干预和养护，死掉就死掉了，活着的就活着，不做任何修剪、不打药，也没有其他的措施，甚至水也不浇，完全靠天然，经过15年以后剩下了这些东西。所以梅昂公司说，他们每年会向市场推出3～5个优良品种，这是符合欧盟下一步要求的品种，因为对于法国来说，将来庭院里不允许再打药了，我们都知道月季是最需要打药的。大家再看远处的那个地方，是另一处月季新品种展示或实验命名的地方，就在这样一个地方，可能大概有上百个品种非常的优秀、非常健康。所以小梅昂他父亲跟他讲"梅昂公司不需要搞育种了，因为我们已经为未来的50年准备好了品种"。当然这只是一个笑话，但是大家要知道梅昂公司为什么能够发展到现在这个状态，为什么能够持续得到一个发展的后劲，因为持续对新品种的追求、培育和储备是他们最大的一个核心竞争力。

再回头来看，南阳在这方面的工作虽然也开始了，但大多数的月季培育还依靠芽变、或者是简单的杂交育种，知识产权保护或者对于别人知识产权尊重的意识还差得很远。总结两点，第一点，南阳月季要想发展，要想有核心竞争力，就得有核心的技术；第二点，南阳的发展不能仅仅依靠对自然资源的掠夺和破坏作为发展的代价，要培育高水平、高质量的砧木，尽快代替目前这种已经"挖到缅甸"的情况，这是急切需要考虑的问题。希望大家一起思考这个问题，进一步学习和增强知识产权保护意识，真正实现月季产业的可持续发展。

（根据中国花卉协会月季分会常务副会长兼秘书长、世界月季联合会副主席赵世伟在2018年4月南阳花卉产业论坛讲话录音部分整理）

走进约瑟芬皇后的玫瑰园

左图 约瑟芬皇后，拿破仑的第一任妻子，法兰西第一帝国的第一位皇后。生前在位于巴黎南部的梅尔梅森城堡开辟了闻名于世的玫瑰园

右图 约瑟芬皇后梅尔梅森城堡内的卧榻，约瑟芬1763年生于法属西印度群岛的马提尼克岛，1814年死于巴黎南部的梅尔梅森城堡，时年51岁

我知道"梅尔梅森玫瑰园"，是10几年前读到的一本书《玫瑰圣经》。在这本书里知道了拿破仑妻子约瑟芬皇后的玫瑰传奇，还有在皇后的授意下，宫廷御用画师雷杜德以无可超越的技艺所创作的169个蔷薇、玫瑰、月季的种或品种的精美画图。我早就梦想有一天能亲临约瑟芬的玫瑰园，感受皇后那美丽的玫瑰浪漫。

梦想终于实现了，我作为中国月季代表团成员之一，参加了2015年5月27日世界月季联合会在法国里昂召开的第17届世界月季大会。会议期间，参观了里昂和瑞士日内瓦的几个月季园和月季新品种测试园。6月4日由里昂飞抵巴黎，我们将行李放到酒店，顾不上泡杯热茶稍事休息，就急忙驱车前往巴黎南部"梅尔梅森"。我坐在副驾位置，我们的导游、翻译兼司机是一位移居法国30多岁的北京年轻人，他父子两代移居法国，法语、英语说得相当流利，他主动介绍说："梅尔"在法语里是"坏"的意思，"梅森"是"房子"的意思。我接着问他："能不能将'坏'译成'老'或'旧'呢"？他说："当然可以"。那就是说，约瑟芬皇后为了远离宫廷的是非与喧嚣，在巴黎南部的郊区，购买了一座较大的老、旧房子，经过重新修缮、改建装修，成了一个世外桃源，这就是"梅尔梅森庄园"。

约瑟芬喜欢各种植物、花卉，尤其钟情玫瑰（蔷薇、月季）。并且有着一段难解难分的玫瑰情结。为了排遣拿破仑远征后的孤寂，约瑟芬在城堡的庄园，开辟了一个玫

上图 梅尔梅森城堡内的约瑟芬展览厅一角
下图 梅尔梅森城堡建于约1622年，约瑟芬皇后1799年收购了这个城堡，包括一个中央城堡主体和18世纪末添加的两个迂回侧翼，1801-1062年间添加了游廊，并在城堡中开辟了玫瑰园，聘请植物学家彭普兰德种植了3万多株蔷薇、月季、玫瑰，囊括当时所有知名品种

瑰园，聘请植物学家彭普兰德种植了3万多株蔷薇和玫瑰，250个种和品种，囊括当时所有知名的品种，甚至让外交官和士兵从异国为她搜集蔷薇和玫瑰品种。这里成了当时世界规模最大、品种最多、最美丽的玫瑰园。还聘请著名的植物学家为她培育新品种。约瑟芬对玫瑰的狂热与喜爱甚至影响到战争的进程。

英法战争期间，她为受聘于她的一位伦敦园艺家办了特别护照，使他可以穿过英吉利海峡战争防线，将英国采集到的月季品种运到法国来。正在英吉利海峡激战的英、法海军出于对皇后爱好的尊重，两军舰队经过协商，暂停海战，让运送月季的船通行。围绕玫瑰园的这些传奇故事一直驱动着我的好奇心，"亲眼目睹"就要实现了。车刚停稳，我迫不及待推开车门向城堡奔驰而去。和我读到的图片一模一样的场景映入眼帘：大门与城堡正门一条笔直的路，两边栽植着色彩各异的丛状月季，仿佛是夹道欢迎远方来客的仪仗队。

"老房子"正面的两侧，用围墙隔离出两个园子，其中右侧的园子以草坪为主，中间矗立着一座拿破仑全身雕像（这里就是原来的大温室，栽植着约瑟芬从世界各地搜集来的珍奇花卉植物，温室已不复存在）。

左侧的园子，看到它的第一眼，让人精神为之一振，满园的蔷薇、玫瑰和月季争奇斗艳，走在用粗砂铺成的游路上松软而舒适，这里似乎依然是200年前的繁荣，仿佛看到约瑟芬与上流显贵们在园中赏花；园艺家彭普兰德与助手在栽植新引进的异国品种；植物学家迪松美在这个玫瑰园里进行了人类首次玫瑰人工控制育种，培育出了大量独特的杂交品种，使蔷薇属的栽培进入了新的时代。当然，还有雷杜德正聚精会神对着中国的'月月红'在写生……

我首先用超广角镜头，从不同角度拍下了几幅玫瑰园大场面，接着变换镜头拍摄近景和特写。这时候，我发现中国的古老月季集中栽植在一条游路的两边，每个品种的植株旁，嵌着一块绿色金属牌子，真实地记录着原产国家和引进年代。我和北京植物园月季园朱莹高工一起寻找并用镜头记录着，由于时间太紧，未能一一核查，中国古老月季依然在这里传宗接代。

根据当时雷杜德绘制的169幅图谱里，就有中国10个以上蔷薇的种和古老品种辗转来到了这里，现在有些品种显然已经失传了。不过，在这个特定的、受全世界注目的名园里，依然能看到这些活生生的中国古老月季珍品，在异国他乡年复一年地绽放着美丽、吐露着芬芳。更珍贵的是作为重要的种质资源，参与了欧洲的"玫瑰革命"，为世界现代月季发展做出了不可磨灭的贡献。作为中国人，一种自豪感霎时在心中油然而升。

恋恋不舍地离开了玫瑰园，我与北京植物园园林管理部魏钰部长又到城堡内参观。这个两层楼加一层阁楼及两个侧翼的古老建筑，现在是拿破仑和约瑟芬纪念馆。

上图 月季爱好者在梅尔梅森城堡玫瑰园观察名品
下图 绿木葱茏，月季盛开的梅尔梅森城堡玫瑰园是摄影者的天堂

梅尔梅森城堡虽远不及凡尔赛宫富丽与豪华，却也显得精致与温馨。这里没有讲解员，但是可以在售票处租用一个汉语解说器。每个展厅或房间都有不同的编号，你只要按下该处的号码，就能听到清晰悦耳的汉语普通话解说。这里是约瑟芬接待客人的地方，约瑟芬的卧室，皇后在这里度过了16年美好时光，1814年约瑟芬就在这张卧榻静静地香消玉殒，享年51岁。她是因病去世的，有说是得了白喉病，有说是因为扁桃体发炎感染而英年早逝，发病前还陪同俄国沙皇尼古拉一世在她的玫瑰园赏花游览。

约瑟芬离世前盛邀雷杜德为她精心绘制的《玫瑰图谱》还没有完成，也许是皇后最大的遗憾。因为雷杜德一丝不苟、精心创作的169幅玫瑰图谱（实际加上题头绘画是170幅）整整耗时20年时间。并拥有"将强烈的审美加入严格的学术与科学中的独特绘画风格"的美誉。约瑟芬虽然未能亲眼目睹，但在她的授意下雷杜德为世人呈现了一部最优雅的学术，最美丽的研究的《玫瑰图谱》。《玫瑰图谱》在艺术与学术上的巨大成功，使雷杜德一直享有"玫瑰大师"的声誉，他所绘制的玫瑰也已成为无人逾越的巅峰。即使在其学术价值已经褪色的今天，《玫瑰图谱》因其令人愉悦的观赏性，而被推崇为"玫瑰圣经"。

因为日程安排太紧，短短两个多小时的游览与拍照，让人意犹未尽。倘若还有机会，我会再次造访约瑟芬的梅尔梅森玫瑰园。

（王世光）

从玫瑰圣经谈月季文化传播

对于绝大部分中国人来说呢，雷杜德显然就是一个非常陌生的名字，他是谁？从事什么工作？和月季文化有什么关系？

雷杜德的全名叫做皮埃尔·雷杜德（Pierre – Joseph Redouté），他是一个法国人，而且不是一个现代法国人。1759年出生，1840年去世，活了81岁，在那个年代算是高

辽宁省葫芦岛市科技馆副馆长、博物画家、博物教育工作者，李聪颖

寿的一个法国人。雷杜德从事什么工作呢？他是迄今为止全世界画植物的顶级画家之一，雷杜德画的植物有一种独特的美感，究其原因，是他把科学和学术贯穿进了他的花卉艺术作品之中，造就了科学与美兼具的独特视觉效果，他画技高超，令人折服，被世人称为"花之拉斐尔"。

雷杜德的一生之中，绘制2000多幅植物，包括1800多个种，其中最伟大的作品就是被誉为"玫瑰圣经"的《玫瑰图谱》，雷杜德为之付出了20年的辛勤努力，个中辛苦可想而知。《玫瑰图谱》在1817年到1824年分30期出版，每期都备受瞩目。整套图谱包含170幅精美的玫瑰画作，其中最特别的一幅是一个玫瑰花环，包含了五彩缤纷的多种玫瑰花，就印在图谱的扉页上。其他的169幅画作，每幅对应一个种或一个品种。这本"玫瑰圣经"被称为最优雅的学术、最美丽的研究，迄今为止无人能够超越这个巅峰。在国内很容易找到玫瑰图谱的多个中文版本，在网上也很容易买到，在其他国家玫瑰图谱也很受欢迎，全世界大概有200多个版本。

雷杜德是个画画天才吗？他一生的经历如何？到底是什么机缘巧合造就了他世人瞩目的成就？雷杜德1759年出生于法国列日省附近的圣于贝尔（现在属于比利时阿登地区）的一个绘画世家，虽然父亲的职业是一位画师和室内装潢师，并不算是一个知名画家，但这样的家庭熏染，为雷杜德走上绘画道路奠定了很好的基础。13岁的时候，雷杜德便开始外出游学，期间偶然接触到了一些荷兰的花卉画家，他们精美细腻的作品风格使雷杜德深受触动，后来长久地影响了雷杜德一生的绘画。过了几年，雷杜德的哥哥去

 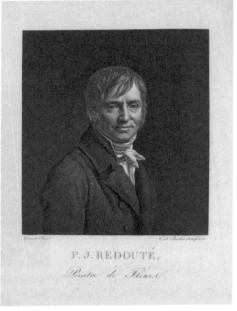

左图 《玫瑰圣经》扉页　　**右图** 玫瑰绘画之父，雷杜德自画像

巴黎开了一个工作室，雷杜德加入其中。工作之余，雷杜德总是惦念揣摩之前看到的那些荷兰植物画，一有时间就跑去皇家植物园，观察和描绘那里的花卉，沉浸其中并乐此不疲。23岁的时候，雷杜德大胆地去法国国家自然博物馆应聘，他的画作征服了当时自然博物馆的著名花卉画家杰勒德·范·斯潘东克（1746－1822年），被其收作弟子和助手，正式开启了职业绘画之路。不久之后，雷杜德的才华就引起了法国皇室的注意，给他提供了植物书籍插画工作。雷杜德的画风很快就广受欢迎，找他约稿的人络绎不绝，其中值得一提的是，著名的启蒙主义者让·雅克·卢梭在编写经典之作《植物学通信》一书时，就曾邀请雷杜德为该书绘制了65幅精美的插图。雷杜德的名声越来越大，在29岁的时候，幸运之神再次光顾了他，雷杜德的画技被路易十六的皇后玛丽看中，因此成为了一名被皇后钦点的植物画家，也就是宫廷专职画师。

雷杜德生活的年代，恰逢法国大革命时代，政局动荡不安。雷杜德为玛丽皇后画画没几年，路易十六就倒台了，国王和皇后被推上了断头台。俗话说一朝天子一朝臣，雷杜德的靠山轰然倒塌，下场应当如何呢？即便不死也得被发配到边疆吧？事实并非如此，因为他的画实在惹人喜爱，接下来的皇室依旧重用了他。我们纵观雷杜德的一生，一共有5位国王统治法国，其中有三任皇后都亲自任命他为御用画师，其余两任也请他作为皇室画师。这种备受历任皇家宠爱的身份，一直持续到了雷杜德生命的最后一刻——雷杜德81岁的时候，仍然坚持观察和绘画植物，在观察一株百合的时候，不小心摔倒后去世。后来世人评价雷杜德在工作岗位上坚守到了最后一刻，他的一生也非常圆满。

雷杜德一生画的两千多种植物之中，百合和玫瑰都非常有名，而玫瑰最广为流传。如果仔细欣赏他画的玫瑰，我们可以感觉到这种植物绘画和我们平时经常看到的摄影作品有所区别，在视觉效果和心理感受上都是有所差异的。我们看画作的时候，内心会变得无比平静，极致的美感从我们眼睛直达大脑，然后长久而温柔地抚慰着我们的心灵。

雷杜德作为全世界画玫瑰最好的画家，他成功的秘诀是什么呢？我总结了几个原因，首先当然是由于他确实有非常高超的绘画技巧，他对绘画有着一生持续的热爱之情，画画时光占据了他绝大部分的生命。第二个原因源于雷杜德生活的时代恰好是启蒙运动时期，他所在的巴黎是整个欧洲的科技文化和哲学中心，某种程度上也应了那句"时代造就英雄"的俗语。第三个原因是"千里马遇到了伯乐"，雷杜德的一生虽然经历了5个朝代，对他来说，"伯乐"指的是约瑟芬皇后，就是他经的第二个王朝的皇后。约瑟芬到底是谁呢？就是我们中国人都非常非常熟悉的拿破仑的王后。还有一个很有意思的巧合，约瑟芬的名字是Marie Rose Josèphe Tascher de la Pagerie，里有个rose，就是玫瑰的意思，约瑟芬一生挚爱玫瑰，是否和她的名字有关不得而知。约瑟芬并非出身皇族，而是出生在当时法属西印度群岛中的马提尼克岛上的一个甘蔗种植园，16岁的时候，约瑟芬去欧洲旅行时结识到一位子爵，与之成婚并育有两个儿子，但因为性格不合而离了婚。后来偶然遇到了比她小6岁的拿破仑，两人一见钟情，3个月之后两个人就举办了婚礼。新婚后两天，拿破仑重返意大利前线，指挥缺乏训练、武器很差的法国军队打败了强大的奥地利军队，威震全欧，名传世界。

约瑟芬作为拿破仑的皇后，得到了拿破仑的万千宠爱，拿破仑甚至送了一座梅尔梅森城堡给她，作为两人周末休闲小憩的爱巢。约瑟芬平生最大的爱好就是园艺，她热衷于改造城堡外花园，费了很大的心血，建成她喜欢的样子。拿破仑为了讨皇后的欢心，在南征北战的时候也利用自己的便利为爱妻搞到各种奇花异草，其中就包括我们中国的山茶、牡丹，当然最多的还是玫瑰。据传她的玫瑰园中种植三万株玫瑰，几乎包括世界各地珍贵品种。她的花匠也是史上第一个尝试以人工栽培玫瑰花种的人。出于对她玫瑰爱好的敬意，在英法海战时，两国停战以便运送玫瑰给约瑟芬的船只通过。

当时欧洲有一个传统，皇室或者富豪都喜欢建造花园，不仅要种植各种漂亮的植物，还要请专业画家手绘这些花草，把花园里最美的瞬间凝固在纸上。约瑟芬的梅尔梅森城堡里的玫瑰园当然也要邀请画家和植物学家一起创作专属的植物图册。皇后的花园，一定要最有名的画家才配得上，当然非雷杜德莫属。雷杜德在1789年就受皇后之邀开始画城堡花园里的玫瑰，20年之后成就了著名的《玫瑰图谱》，也就是我们说的《玫瑰圣经》。

在平常人的印象中，大多数的画家都是穷困潦倒过一生，雷杜德原本也过得非常拮据。约瑟芬皇后一生都挥金如土，再加上她爱花如命，所以雷杜德自从受到皇后的青睐和资助，不仅衣食无忧，甚至买了自己的别墅，和妻儿过了多年的好日子。约瑟芬后来因为不能再生育，和拿破仑解除了婚约，经济状况大不如从前，但她仍然没有放弃对雷杜德的资助，一直到她51岁逝世为止。后来的梅尔梅森城堡曾经改造成约瑟芬博物馆，现在改名为拿破仑国家博物馆，对公众开放，有幸去参观的话，可以一睹城堡内的奢华内饰，想象一下欧洲皇室当年的生活情景，当然也不要忘了在城堡外的花园散散步，如果恰逢玫瑰的花期，景色宜人、美不胜收。

关于《玫瑰图谱》，有两件遗憾的事情：一是约瑟芬在1814年去世，《玫瑰图谱》1817年才开始出版，所以说主人并没有看到这本美丽而伟大的图册。二是由于画的时间跨度比较长，图谱里边的好几种玫瑰，画的时候活得好好的，但图谱出版的时候却已经消失了，主要是因为那个时候种植技术还不够成熟。

人们每每翻阅《玫瑰圣经》时，都不禁感叹这本书是科学和艺术的完美结合，最浪漫的玫瑰来自最不浪漫的劳作，雷杜德在这书中凝结的辛勤汗水，我们透过那一幅幅精美的画作可想而知。在书中，我们能找到一种以雷杜德的名字来命名的玫瑰，那是约瑟芬对他劳动的一种尊重。在书中，我们还能发现不少中国月季的影子，有的是中国古老月季，有的则是中国古老月季和欧洲蔷薇的杂交种，这也是东西方园艺交流的佐证。

《玫瑰圣经》中的玫瑰是我们经常说的玫瑰吗？其实不是，而是泛指蔷薇科蔷薇属的花卉，包括玫瑰、月季、蔷薇等。关于"玫瑰"这个词，在我们中国，指的是能够提炼精油的或者能够食用的那种玫瑰，而我们在花店里所能看到玫瑰，或者我们提到的、听到的、写到的玫瑰，实际上绝大部分指的是现代月季。

自古以来月季被称为花中之王，没有哪一个园艺的花卉能像月季这样让人迷恋，所有的人都为之疯狂，因为它成就了很多伟大的诗篇、文学作品，甚至很多宗教节日都和月季有关。对月季感兴趣的人有很多，不仅有园艺家、还有植物学家、消费者、商人、艺术家。对于不同的人来说，面对同一株月季，我们的观察点、出发点和结论都是有所差异的，大家关注点不同，看到的景象也大有差异。譬如说，园艺家更关注的是哪个品种以及长势如何，消费者关注的是此花代表的含义以及价格，商人关注的是利润空间和运输保存条件等等。

月季的美丽吸引了很多的画家来描绘，绝不仅仅只有雷杜德，在他之前，中国人、欧洲人有不少人画月季，在他之后，也源源不断涌现出很多热衷画月季的植物画家，大家使用不同的画材，画出不同风格韵味的月季图，用尽巧思，精彩纷呈。

中国的博物和西方的博物不同，中国的博物是为了修身养性，西方的博物是为了

1817年-1824年，法国花卉画家雷杜德创作的《玫瑰图谱》部分作品

占有和利用。所以古代的中国人基本上只画那些暗喻了某种德行的草木鸟兽，以植物为内容的画作，最多的是梅兰竹菊，还有我们熟悉的杨柳、荷花、牡丹、松树，很多不太常见的植物即使颜值超高也难以被描绘，只是因为美丽并不是绘画的原因。月季作为一种常见的园艺花卉，因其月月开花象征繁荣长存而成为很多画家争相描绘的内容。古代的中国人画画还有一个特点，就是追求强调画作的神韵格调，而不细抠真实的细节，画画的最高境界是"神似而形不似"。如果画得太细致太真实就会被人嘲笑其作品有"匠气"，这个"匠气"在古代是个不折不扣的贬义词。所以纵观中国的绘画历史，除了宋徽宗时代和明清时代绘有一些逼真、细腻的画作之外，其余的漫长岁月中，中国人画的月季，我们今天看上去是辨认不清楚结构细节特征的，也鲜能辨别其准确品种。

到了19世纪末20世纪初，随着植物学从欧洲传入中国，中国才出现了真正的科学绘画，涌现出一批致力于从科学或博物的视角来描绘植物的画家，我本人也很喜欢画这种风格的植物画。目前中国的植物画家中，成就最高的是曾孝濂老师，他19岁开始为《中国植物志》画插图一直到退休，然后开始钻研彩色植物画，而后又兼攻鸟类绘画。曾老师的作品有着他自己的强烈特色，构图饱满、光影变幻、色彩浓郁，每一幅作品都生机勃勃、引人入胜。我起步比较晚，才画了四五年，偶尔也会画到月季，数一数我画的画，蔷薇属花卉的画作居然有10幅左右了，都是机缘巧合画的，由此可见月季之魅力。

我画的第一枝月季是花店里边买的一枝"玫瑰"，使用的是油性的彩铅。我还画过小区里边爬满墙的蔷薇'七姊妹'，小区的花坛里也养了很多月季，遇到时觉得很好看画了下来，这两幅用的水溶彩铅；有次去云南，在一个玫瑰种植基地看到'墨红'，我觉得这个花蛮有意思的，也画了下来，用的是水彩和彩铅相结合的手法；前年的情人节，我画了一朵玫瑰永生花，据说是厄瓜多尔进口的最硕大的玫瑰做成的；中国的一个古老月季'绿萼'，是我在北京植物园的温室里看到的，花瓣非常奇特，犹如绿色的叶子，花蕊已经完全退化了；去年情人节，我用丙烯画了一幅现代月季，模特其实就是花店里常卖的那个5元钱一枝的切花月季。因为我是一个科普工作者，所以平时除了画画我也会写一点东西，给公众做一些科普传播，来讲讲植物的趣事，以及我发现和绘画它们的过程。

我们现在正处在博物学复苏的时代，博物学已经越来越多地渗入到诸多行业领域和大众的日常生活之中。博物绘画和博物学是一个同步的过程，因此，我们也处于博物绘画的春风里，喜欢画植物的人越来越多，喜欢画月季的植物画爱好者也必然越来越多。在中国月季产业这么宏大的背景之下，博物学和博物绘画也许会给国内月季产业或月季文化传播带来些灵感。

（李聪颖）

中国现代月季育种第一人——宗荣林

"宗荣林"这个名字在中国月季界早已名震八方，但凡有月季园的地方，总能见到宗荣林先生培育的'绿云''黑旋风''金桂飘香''战地黄花'等漂亮的月季品种。我撰写的《中国现代月季》收集、推介中国培育的现代月季新品种。宗荣林是我重点采访的对象。

那是2007年10月间，我几经辗转，在杭州找到了宗荣林先生的家。一见面，给我的印象十分美好，他虽已退休多年，但那偏高的中等身材，腰杆依然板挺，衣着简朴而清洁，脸上沧桑的皱纹也藏不住善良的慈祥。我和他握手问候，说明来意，宗老忙说："辛苦啦，辛苦你啦！"让我落座后忙着沏茶。我的第一句话就直奔主题："宗老师，我所到过的月季园里都见到您培育的月季品种。""是啊，早些年全国好多地方来我们这里引进品种，互相交流嘛。"我问："您培育了多少月季新品种？"宗老师说："有一些，让我翻翻资料，明天你来再详细说吧！"

在我来杭州的路上就已经想好了采访宗老师的内容——"厚积而薄发"。宗先生之所以有如此大成就，肯定有故事。既然明天切入正题，今天也要有所收获。就说："宗老师，我想听听您以前的事"。宗先生微微一笑，喝了口茶，用他那平缓的语速、带着南方口音的普通话，说起了往事……

宗荣林上三年私塾后，由于家庭巨变失去了继续受教育的机会。跟随父亲在花田、菜地做点力所能及的事，他尤其钟情学习种花。家里的花园名字叫"庆春花园"，17岁时，已经成了家里的主要劳力。他生来天资聪颖，不管哪一门哪一类，只要他想学的，必能迅速入门并很快出类拔萃。在其他方面，如写字，毛笔学柳公权、颜真卿；速记，学亚伟速记；打太极拳等等，还自学了英文、日文，都是有板有眼。譬如园艺，在他父亲的熏陶下，学过温室花卉、露地草花、球根及木本花卉的一般栽培管理和繁殖。对花卉的杂交育种和嫁接技术尤其感兴趣，对月季的栽培、繁殖特别爱好。喜欢跳出老式花匠墨守成规的束缚，开始向改进技术，培育新品种方向努力。1957年，宗荣林利用人工授粉、自然杂交实生苗选育的方法，在湖山堂的自留地里培育出两个月季新品种'黑麒麟'和'金桂飘香'。杂交出来的新品种，不仅继承了父本和母本的优点，而且具有更高的观赏性。他利用嫁接技术将不同颜色的芽或枝接在一株砧木上，创造出一棵五颜六色花朵同时开放的月季树来。宗荣林很快声名鹊起，许多同行慕名前来参观学习，也引起杭州市园林管理局领导的关注。

左图 宗荣林在杭州花圃月季园研究月季
右图 中国现代月季育种家宗荣林观赏研究中国古老月季'月月红'

1958年，中国大地一片狂热，大炼钢铁、"赶英超美"、农业公社化、创万斤亩产田、吃大锅饭等。城市里，也掀起了一场轰轰烈烈的下乡运动，动员城市青年下乡务农、扎根农村。多数青年犹豫不决，所在的街道首先站出一个青年报名下乡，他就是宗荣林，舍弃收入递增的庆春花园，带着母亲放弃城市户口下乡务农。但对街道党委，却如"天上掉下个林妹妹"，送来一个绝好的号召榜样。马上大红喜报送上门，大红花戴胸前，与数十名受榜样鼓励的青年一起被敲锣打鼓地送到了农村。余杭县良渚乡三片五小队，是当时乡里最艰苦的小队。宗荣林和母亲被安置在这个地方。由于他天性不甘落后，虚心向当地的农民学习，自己又辛勤地劳动，不到数月便学会了全部农活，很快被评上良渚乡的先进青年。

下乡半年左右，命运之神又将他带回了城里。原来，杭州市园林管理局筹建月季园，急需技术带头人。局里有"伯乐"看中了宗荣林，来庆春花园找他，哪料到已人去园空。到处打听才知已下乡务农，追到农村他下乡的那个小队才联系上。不料下乡容易回城难，更何况宗荣林同志是作为一个榜样带动一批青年下去的，刚下去不久就抽调回城怕影响不好。就这样来来回回几经周折，园林管理局到市政府开出了回调的介绍信，才最后拍板破例办妥返城手续。乡干部看留宗荣林无望，就向园林管理局提出支援十把深耕犁作为交换宗荣林的条件，园管局要人心切，立刻满足了他们的愿望，才同意放宗荣林回城。

宗荣林调到园林管理局后如鱼得水，把自己长期从事花卉生产的经验投入到生产实践中，很快作出了不菲的成就。入党、提干，一起向他涌来。虽然没有受过正规教育，却因在技术岗位上成绩出色，被破格评为高级职称，还担任中国月季协会常务理事；改革开放初，还被派往日本进修，成为日本月季协会会员。多年当选为省、市级劳动模范。除"文革"中因担任月季园组长而受了一些冲击外，基本上算是一帆风顺。

宗荣林虽然文化底子薄弱，却是个知识的狂热者，去图书馆借来了有关种植的专著，如苏联的米丘林学说，以及世界上最著名的植物育种家之一美国卓越的植物育种家路得·布尔班克的专著，借助词典，开始了茫茫的书海寻舟。他读书实践、学为所用，在种植花卉和杂交育种上将理论与实践相结合，成果颇丰。杂交育种和嫁接引起他极大兴趣，简直到了痴迷的境界，他将培育出的新品种视同自己的孩子，为这些新诞生的月季取名。在一生的育种实践中，他利用半个多世纪的时间，培育了大量的果树、蔬菜、花卉、林木以及其他农作物新品种，被人们称为奇异的"植物魔术师"。

宗荣林自上调进城后，同年11月就安排在园林管理局城区工作，担任生产组长，负责筹建清波门月季园。中华人民共和国成立初期的清波门月季园占地面积15亩，月季品种稀少，只有寥寥10几个。初到此地的宗荣林决定要大显身手，遂向社会上广泛收购月季品种。在短短一个月时间内，将分散在杭州几十户私人家中6000多株月季、140多个品种全部收集起来，集中种植在月季园内。品种收集后，马上鉴定，删除各家各户重复的之外，余下的品种挂牌、种植了三亩地作为亲本，为今后生产繁殖之用。

第二年春，领导下达了指示，为美化西湖，要大量繁殖月季和蔷薇，定出了共计60万株的指标。领导知此次任务艰巨，决定招工20余人，以配合宗荣林的工作。为了完成任务，当时26岁的宗荣林带领着全组20几名年轻同志开始了紧张工作。月季园的泥土不够，去山上挖；没有蔷薇种子和枝条，到山上剪；杭州大大小小的山都翻遍了。有一次剪了满满一三轮车的枝条往回赶，因为车子负重，加之又是下坡，结果是人仰车翻。宗荣林被摔得腿瘸脸青，还瞒着领导硬撑着指挥工作。从山上采集的野生蔷薇种子，采下来播种，到第二年就可嫁接，蔷薇的枝条也扦插有几十万株，圆满完成了领导交给的任务。同年，宗荣林被评为单位先进生产者，第三年又被评为杭州市先进生产者。

领导下达指示要将赤山埠开辟成一个新的月季园，将清波门月季园繁殖出的优良品种移植到赤山埠月季园。当时杭州作为风景优美的城市，常有外宾前来观光。西山路是外宾的必经之路，为了美化整条西山路，在道路两旁栽植月季苗30000余株，从赤山埠月季园一直至北山街止，在浣沙河对岸及少年宫沿湖一带栽植了大批粉红的'十姐妹'。同时，在赤山埠月季园建立'墨红'栽培试验基地1亩，种植'墨红'月季苗1000株，在杭州推广后大面积种植。因为'墨红'月季除了有观赏价值以外，也是化妆品、食品工业的原料，成了杭州香料厂提取墨红浸膏不可或缺的主花材。知道'墨红'月季"身兼数职"，还可出口创汇后，不仅周边郊县生产队争着种植，连全国各地都纷纷大规模引进种植。该课题在10年后的1979年3月获得浙江省科学大会二等奖。

由于宗荣林的工作成绩突出，越来越受到局领导的重视，也被领导定为干部储备培养对象。不久后就被提拔为局里的人事科干事，主要负责内勤工作。宗荣林自调到局里，去月季园的机会少了，多数时间在办公室里工作。趁着闲时，去书店买了《米丘林学说》《达尔文学说》《墨尔根学说》和《细胞遗传学》等书籍阅读。虽说有机会让他接触到更多理论知识，开阔了新的思路，但同时也失去了实践的机会，总觉得浑身是劲没处使。每次回到月季园，昔日里一同奋斗的组员们都央求他能回来，重新带领大伙一起干。同志们的热切期望，把他的心弄得痒痒的，总想有一天能重返生产第一线。自他离开月季园后，园里生产日渐滑坡，月季品种也流失了很多。宗荣林心里既不忍又不安。每日人虽坐在办公室，心早飞到了月季园里。经过深思熟虑，宗荣林打报告给局领导，要求调回月季园。领导们考虑到当时月季园的情况，批准宗荣林重返月季园。回到月季园后，他如鱼得水，除了一面着手抓生产，一面将学到的书本知识、杂交育种经验应用到实践中去，于是相继育出了'黑旋风''战地黄花''迎春''春雷''北京之晨''浦沿之春'等一大批月季新品种。此后，每年都有新品种问世，在单位、区、市、省的先进生产者和五好职工名单上也总少不了"宗荣林"的名字。

清波月季园随着宗荣林的名气，在杭州园林系统日渐名声大噪，引起社会广泛关注，时常有省、市领导来参观、视察。有一天，见有位领导及随从人员来到月季园，那位领导模样的人一口字正腔圆的绍兴方言，点名询问宗荣林有无'硬涂金黄'这个月季品种？宗荣林说："有，这个是中国的古老品种"。领导大为高兴，随即叫宗荣林带他来到这个品种前，高兴地说："嗯，就是它，长兄树人曾在三味书屋院子种植过此花，甚是喜爱"。此时宗荣林才知道，这位领导就是中国大文豪鲁迅先生的胞弟，时任浙江省省长的周建人。

当时毛主席夫人——江青也带着女儿李讷来此参观，拍照留影。

1963年，国家建委下发"蔷薇属植物系统整理研究"的课题，在这段时间内，宗荣林狠抓了品种收集和杂交育种，月季品种也收集到570多个，原种野生蔷薇20多个，对今后月季系统分类及杂交育种打下良好基础。当时杭州市副市长余森文指示要扩大月季园建设的提议，1965年1月，月季园正式并入杭州花圃，花圃虽比月季园环境好，外边有蔷薇花作围栏，但因为土质为酸性并不利于月季的生长。宗荣林根据以往的经验和摸索，决定花力气改良土壤，撒上石灰、有机肥、以改善土壤的酸碱度，没想此法果然奏效，月季不仅长势旺盛、花大且更加艳丽。宗荣林将原花圃月季园也进行了彻底改造，将570多个品种按月季系统分类的方式进行种植，成为全国月季品

左图 美国园艺家来访
右图上 宗荣林培育的'黑旋风'月季，入选中国1984年发行的首套月季邮票
右图下 宗荣林培育的'战地黄花'月季，入选中国1984年发行的首套月季邮票

种最多、品系最完整的月季园之一。在岳飞纪念馆——岳王庙举办的大型展览会，用10000多盆月季花作为参展作品，每天来回调换萎谢的月季，以保日日常新，展期长达一个月时间。

宗荣林对月季有强烈的热爱之情，在培育新品种的路上躬耕不辍，1986年被评为主任工程师，同年晋升为高级工程师。1987年，中国月季协会在杭州花圃举行了全国月季专题会议，来自全国20多个省市的专家、工程师前来参会，宗荣林在会上发表了他的论文《月季的杂交育种》。

20世纪60年代，我国和阿尔巴尼亚结成了亲密的外交关系，不断向阿尔巴尼亚提供经济援助。阿尔巴尼亚听说中国有月季花品种，很想让中国帮助发展月季。杭州作为国内月季品种最多的城市，这个任务当然落到了杭州花圃的头上，宗荣林做出了巨大贡献。

另一次是1971年2月初，西哈努克亲王访华，提出要来杭州看看因"上有天堂，下有苏杭"而名扬海内外的美丽西子风光。市领导接到花圃要配合接待任务的指示，当时因季节、气候的原因，光靠菊花组大棚里少量的月季肯定不能满足需要，领导就派宗荣林和另外的同志兵分两路到广州和昆明调集鲜花，将亲王下榻的宾馆、房间和会议厅布置得热烈、喜庆而祥和。这次由于早有部署，亲王也在2月21日上午满意地离开杭州去往上海。

1972年2月21日，尼克松总统一行抵达北京，对中国进行为期7天的历史性访问。2月26日途经杭州，下榻在西湖宾馆，布置宾馆和总统套房的鲜花同样由花圃提供的。周恩来总理陪同总统一行游玩了花港公园。

有了这三次的经历，在那特殊年代，花卉虽被批为"封资修"的产物，也还是发挥了它极大的作用。由此，省、市领导下达了指示：要重新大力恢复花卉生产。宗荣林如沐春风，把储存的能量尽情挥洒、释放。

随着改革开放之风，20世纪80年代初，杭州首批选派出国赴日本学习的指标，是建筑系统和园林系统的骨干，名额为10人。其中建筑系统6人，学习时间3个月；园林系统4人，学时10个月。园管局领导得到名额后，派宗荣林作为园林系统的带团副团长去日本岐阜县立农林高等学校进修，主修月季的养护和育种，这期间他加入了日本月季协会。

听完他的讲述，我被深深打动，来时猜得不错，宗荣林的确有故事。

宗荣林在20世纪50年代，利用人工授粉实生苗选育的方法，首次培育出我国自己的现代月季新品种，这在我国现代月季育种界是一件了不起的大事。我国1984年发行的一套特种邮票《月季》，他培育的'黑旋风'和'战地黄花'被选入其中。

中国月季的育种有上千年的历史，但是从清代中期到民国后期，由于历史和社会原因，出现了一个月季育种断层和盲区，这期间从文字资料上未见有月季新品种问世，成为我国月季育种的历史遗憾。宗荣林先生是培育中国现代月季新品种的第一人。

前年，我又去了杭州宗荣林家，想要再看望老先生。不料，他已经离世，是因为患有脑梗。人走了，无法挽回。我问他女儿："宗老师走得安详吗？有没有痛苦"？他女儿告诉我："爸爸走得很安详，走时没有丝毫异常，那天我和爸爸坐在沙发上，当时爸爸对我说，他有点累，我说，那你就靠在我肩膀上睡一会吧。谁知，这一睡就再也没有醒来"。我说"这是宗老师好人有好报，走得很幸福"。我心里却懊悔自己没有早点来见先生最后一面。

宗荣林先生虽然已经离开了我们，但是，他留下的那些优秀月季品种，将永远生长在我们子孙后代的花园里。

（王世光）

早年的中国月季达人——张志尚

在中国月季界，"张志尚"这个名字，现在大家会很陌生，我也一样。知道张志尚的月季故事，是一个很偶然的机会。

2008年的一天，我因编写《中国现代月季》走访上海的几位月季育种家，在采访徐进发的儿子（他父亲已过世）讲起他父亲事迹的时候，提到了一个人——张志尚。张志尚2008年12月4日逝世，享年88岁。张志尚20世纪40年代毕业于上海圣约翰大学，在上海海关工作。由于特别喜欢月季，20世纪40年代收集许多月季品种。

张志尚是中国最早引进'和平'月季品种的人。他在美国进修时，在报端知道了'和平'月季从诞生到重新命名以及多次荣获大奖的故事，决定1949年回国时随身携带一株，自己收藏观赏。张志尚和徐进发是好朋友，徐进发在上海是个知名度很高的园艺师，还是宋庆龄寓所花卉植物的指定供应商。在他的花圃里有许多月季品种，张志尚是徐进发家的常客，经常去请教月季的养护经验，当他向徐进发说自己留美回国时带回的'和平'月季并讲述了这个新品种不同寻常的故事后，徐进发迫不及待地来到张志尚家，要一睹'和平'的芳容。当徐进发看到这黄瓣粉红边的'和平'，着实被打动了，当即向张志尚表示：想剪个枝条扩繁这个优秀的品种，却被张志尚婉言谢绝了。他对徐进发说：我实在是不忍让它失去一根枝条，另外，像这么神圣的品种，只能供在家中观赏，不可以随便买卖的。后来徐进发几经努力，郑重表示：你尽管放心，我繁殖也是为了在家自己观赏，绝不对外出售。张志尚这才同意徐进发在花期过后剪下两个枝条。就这样，'和平'月季在上海落户后站稳了脚跟。

1956年，张志尚被打成"右派"分子下放到安徽农村。20世纪70年代回到上海，又引进不少月季新品种。特别是他介绍了澳大利亚月季知名人士劳瑞·纽曼先生，他俩成了好朋友，还是劳瑞的中文老师。早年，在澳大利亚举办的一次国际月季盛会，特别邀请张志尚作为嘉宾出席会议，会场上，中国的五星红旗首次在世界级的月季盛会上高高飘扬，他为中澳月季交流作出了巨大贡献。

张志尚退休后回到宁波老家，在自己的小院里种满了月季花

（王世光）

2

月季诗词歌赋

　　诗词歌赋，是人们对我国传统文学的概称；也是中文独有的一种文体，这一称谓几乎可说是概括了中国传统文化的精髓和传统文学的大成。诗词歌赋有其特殊的格式及韵律，是一种用高度凝练的语言，集中反映社会生活并具有一定节奏和韵律的文学体裁。古人多作咏物诗和山水田园诗。往往是托物言志，由物到人，由实到虚，写出精神品格。描写自然风光、花木景物及安逸恬淡生活，诗境隽永优美，风格恬静淡雅，语言清丽洗练。

　　中国是月季的原产地之一。月季花容秀美，姿色多样，四时常开，深受人们的喜爱。因此，古人留下了很多描写月季的诗词，唐宋明清时期月季诗词创作达到高峰，从这些月季诗词中，我们可以看出古人对月季的钟爱。

　　1985年5月，月季被评为中国十大名花之第五位，中国有80多个城市将它选为市花。足见月季在现代生活中已经成为人们的精神符号，所以才会有众多的城市把月季选为"市花"。为了吟诵月季，这些"市花"城市的诗人都纷纷将盛开的月季，视为源源不断的创作题材，将浪漫、神秘的心与灵外化为优雅文字，用诗词的语言咏叹月季的柔美，月季的姿容，月季的神韵。四季流芳，花香四溢的月季，时时激荡着诗人的情感。诗人赞美月季，创作出无数歌咏月季的诗词歌赋，成为月季文化大观园中的一枝奇葩。

古代

戏题新栽蔷薇

（唐）白居易

移根易地莫憔悴，
野外庭前一种春。
少府无妻春寂寞，
花开将尔当夫人。

蔷薇花

（唐）杜牧

朵朵精神叶叶柔，
雨晴香拂醉人头。
石家锦幛依然在，
闲倚狂风夜不收。

蔷薇

（唐）裴说

一架长条万朵春，
嫩红深绿小窠匀。
只应根下千年土，
曾葬西川织锦人。

山亭夏日

（唐）高骈

绿树荫浓夏日长，
楼台倒影入池塘。
水精帘动微风起，
满架蔷薇一院香。

重题蔷薇

（唐）皮日休

浓似猩猩初染素，
轻如燕燕欲凌空。
可怜细丽难胜日，
照得深红作浅红。

看美人摘蔷薇

（南北朝）刘缓

新花临曲池，佳丽复相随。
鲜红同映水，轻香共逐吹。
绕架寻多处，窥丛见好枝。
矜新犹恨少，将故复嫌萎。
钗边烂漫插，无处不相宜。

野蔷薇

（宋）姜特立

拟花无品格，在野有光辉。
香薄当初夏，阴浓蔽夕晖。
篱根堆素锦，树杪挂明玑。
万物生天地，时来无细微。

长春花

（宋）徐积

谁言造物无偏处，独遣春光住此中。
叶里深藏云外碧，枝头常借日边红。
曾陪桃李开时雨，仍伴梧桐落后风。
赍尽主人歌与酒，不教闲却卖花翁。

长春花其五

（宋）徐积

枝上疏疏花启房，
轻绡重锦迭为裳。
更分深浅两般色，
不作寻常一面妆。

酴醾

（宋）黄庭坚

汉宫娇额半涂黄，
入骨浓薰贾女香。
日色渐迟风力细，
倚栏偷舞白霓裳。

东厅月季

（宋）韩琦

牡丹殊绝委春风，
露菊萧疏怨晚丛。
何似此花荣艳足，
四时常放浅深红。

月季花

（宋）陈与义

月季花上雨，
春归一凭阑。
东西南北客，
更得几回看。

蔷 薇

（宋）夏竦

红房深浅翠条低，
满架清香敌麝脐。
攀折若无花底刺，
岂教桃李独成蹊。

春 日

（宋）秦观

一夕轻雷落万丝，
霁光浮瓦碧参差。
有情芍药含春泪，
无力蔷薇卧晓枝。

黄 蔷 薇

（明）张新

并占东风一种香，
为嫌脂粉学姚黄。
饶他姊妹多相妒，
总是输君浅淡妆。

月 季 花

（明）刘绘

绿刺含烟郁，红苞逐月开。
朝华抽曲沼，夕蕊压芳台。
能斗霜前菊，还迎雪里梅。
踏歌春岸上，几度醉金杯。

竹枝·咏月月红花

（明）易震吉

老去春光实可怜，
为何十二月皆妍。
知她不是贫家女，
时买胭脂剩有钱。

月 季

（清）李鳝

粉团如语启朱唇，
常比春光解趣人。
老眼独怜枝上刺，
不教蜂蝶近花身。

月 季

（宋）赵师侠

玫瑰，月季，蔷薇，开随律琯度芳辰。
鲜艳见天真。不比浮花浪蕊，天教月
常新。 蔷薇颜色，玫瑰态度，宝相精
神。休数岁时月季，仙家栏槛长春。

月 季

（宋）苏轼

花落花开无间断，春来春去不相关。
牡丹最贵惟春晚，芍药虽繁只夏初。
唯有此花开不厌，一年长占四时春。

腊前月季

（南宋）杨万里

只道花无十日红，此花无日不春风。
一尖已剥胭脂笔，四破犹包翡翠茸。
别有香超桃李外，更同梅斗雪霜中。
折来喜作新年看，忘却今晨是季冬。

月 季

（宋）张耒

月季只应天上物，
四时荣谢色常同。
可怜摇落西风里，
又放寒枝数点红。

次韵答彦珍

（宋）王安石

手得封题手自开，一篇美玉缀玫瑰。
众知圆媚难论报，自顾穷愁敢角才。
君卧南阳惟畎亩，我行西路亦风埃。
相逢不必嗟劳事，尚欲赓歌咏起哉。

奉和李舍人昆季咏玫瑰花
寄赠徐郎中

（唐）卢纶

蝶散摇轻露，莺衔入夕阳。
雨朝胜濯锦，风夜剧焚香。
丽日千层艳，孤霞一片光。

紫荷

三月七日上赐牡丹并蔷薇露劝酒

（宋）楼钥

几见牡丹东海涯，暮年敢谓到京华。
休论千品洛中谱，惊看百枝天上花。
况有八珍来禁苑，更加双榼赐流霞。
阖门饱暖聊同醉，稽首将何报宅家。

橘囊

次韵子由月季花再生

（宋）苏轼

幽芳本长春，暂瘁如蚀月。且当付造物，未易料枯枿。
也知宿根深，便作紫笋茁。乘时出婉娩，为我暖栗冽。
先生蚤贵重，庙论推英拔。如今城东瓜，不记召南茇。
陋居有远寄，小圃无阔蹑。还为久处计，坐待行年匝。
堇肮缀梅枝，春杯浮竹叶。谁言一萌动，已觉万木活。
折来喜作新年看，忘却今晨是季冬。

香粉莲

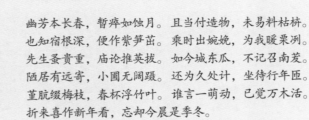

所寓堂后月季再生

（宋）苏辙

客背在芳丛，开花不遗月。何人纵寻斧，害意肯留济。
偶乘秋雨滋，冒土见微茁。猗猗抽条颖，颇欲傲寒冽。
势穷虽云病，根本不容拔。我行天涯远，幸此城南茇。
小堂劣容卧，幽阁粗可蹑。中无一寻空，外有四邻匝。
窥墙数柚实，隔层看椰叶。葱茜独此苗，悠悠待其活。
及春见开数，三嗅何忍折。

近现代

月季花

齐白石

看花自笑眼朦胧，
认作山林荆棘丛。
独汝天恩偏受尽，
占他二十四番风。

月季花

陈荣夏

满园桃李笑春风，
丛菊经霜色愈浓。
独有此花标异格，
繁枝月月换新红。

天津市花

于海洲

人有真情花有容，
天津人爱此花红。
年年岁岁春长驻，
怒放无须借好风。

月　季

唐棣华

别号誉长春，花开月月新。
温良恭俭态，红白紫黄身。
不与人争艳，欣同众结邻。
岂随春色老，时有看花人。

月 季

施子江

群芳择日吐芳菲，
独有长春逐月开。
如此风流谁不爱，
两军休战护香来。

赞月季花

刘堂柳

根源本自出中华，
播种和平走天涯。
为使人间长美好，
年年月月绽香葩。

心中的玫瑰

乔羽

在我心灵的深处，开着一朵玫瑰，
我用生命的泉水，把它灌溉栽培，
在我忧伤的时候，是你给我安慰，
在我欢乐的时候，你使我生活充满光辉，
啊，玫瑰，我心中的玫瑰，
但愿你天长地久，永远永远把我伴随。

月季颂

张兼维

南都帝乡，既丽且康。白水蜿蜒绕城，纳天地灵气；独山葱茏北峙，集日月华光。风物东西交汇，气候南北过渡，四时名木，荟萃云集，天下奇葩，斗艳正香。

春风浩荡，花事繁盛；世运蓬勃，国运隆昌。月季园中，花海灿烂，春雨触枝，万蕾萌动，绿风轻拂，芳心荡漾。粉色娇羞，如西施浣纱；橙黄摇曳，映瑶池宝光；丹红铺彩，似贵妃霓裳；素颜仙姿，比云鹤凤翔。四季看花牡丹失色，月月常新兰桂掩香。红霞映天，绿云遍野，感白水墨客，舒卷丹青；千蕊蜂闹，万卉蝶拥，召南阳文坛，吞吐华章。

以花为媒，缘结世界，以绿为荣，造福人民，大美南阳在此结彩，活力南阳在此聚焦，幸福南阳在此扮靓。歌尔和曰：濯白水而育英兮，四季春光；守龙岗而钟灵兮，圣意心香；踞玉山而不矜兮，汉韵德广；逢盛世而绽放兮，万民同享。

月季花赋

鲲鹏比翼

漫道花无百日好，偏有娇蕾月月红。
辞岁更比梅花艳，香超桃李爱侣共。
雅素茉莉胭脂俏，不随梧叶惧秋风。
休说只剩菊傲霜，姹紫嫣红迎腊冬。

莱州月季赋

杨黎明

惟月季之嘉木，承乾坤之挚情；绽莱州之异彩，禀山水之钟灵。月季仙子，蹁跹霞腾，往瑶池以献寿，眷英男而居停；花中皇后，烟姿雾蒸，遇銮驾以韶秀，擢身份而正宫。于是，驻扎莱城，繁衍滋生。况憎悬垂而婀容，喜挺秀而郁蓊。用于花艺，植于园庭。点缀城区，斗艳争芳之精；装扮街巷，标新创异之性。行道两列，花园三顷。花逢暖而绮靡，香随风而放纵。洪武之年，川人东行，挟种苗于入垃；清朝之岁，莱人扩种，育诸品于渥盛。怀昔年之芳菲，祈来日之章荣。

至若冬寒雾散，春润日景。城乡之中，弥多彩而逞英；殿宇之下，满馥郁而显明。城内则园林为洲，海畔则水际为虹。高美艳兮花分枝，赠相爱兮表心声；低煊赫兮朵成簇，制花篮兮达意境。或大花，娇嫣丛丛；或茶香，熏浸朦朦；或丰华，聚伞彤彤；或切花，栽制颖颖；或藤本，攀扎耸耸；或微型，盆栽菁菁。及夫东海日出，西轩窗清。饰小女于闺阁，掬老妻于中厅。乃有送客金牌，迎宾玉莹。煮酒未罢，烹茶将茗。舞袖落雪，曼歌倾听。度良辰之和乐，请美景以瞻奉。

若夫式廓故里，莱邑念颂。赏花后于桑梓，绘杰作于北京。步缓缓而踌躇，心颤颤而捉影。纸张兮铺展，妍容兮墨兴，思故国兮不言，涂芳姿兮为朗。白色兮崇敬纯洁，红色兮热恋垂青，粉红兮初恋，蓝色兮真诚。含英咀华而吮，姹紫嫣红而竞。谷上岩下，五彩纷呈；房前屋后，莞尔和敬。清纯则异常澄湛，变幻则别样神圣。花小则如玉盘，花大则如金钟。从日光而易色，变化似龙；随风流而弄姿，仪态若凤。寒霜降而警鹤，秋风烈而乱萤。循节气而寻觅，见兀傲而坚挺。

或曰：常出贤兮有俊才，多有人兮爱画风。月季德操兮丰韵无比，此物品行兮百般顺应。瘠壤培植兮从无作态，沃土栽种兮亦无娇宠。遂抚琴而为其歌。歌曰："城市名片，史绩显扬；莱州品牌，驰耀朝阳。吸雨露之渥泽，取日月之祥光。君子翘望兮抱艳红于南圃，丽人痴情兮守洁白于北堂。虽处芸生而不矜，不以情爱而独芳。祈天下人于纳福，愿游子心于饮香。"海外客闻而叹曰："鸿雁归兮龙图腾，雄鹰翔兮凤迎迁。恋光阴兮岁短，居莱城兮寿长。秀朗兮！赫煌兮！"

商丘月季赋

马培国

美哉月季，形神俊朗。芬溢脂凝，清韵流光。至若攀援而生，触风而长，叶初生而秀吐，条轻拂而韵动，芽初萌而香凝，花始发而光煌。于是大红浏亮，朱赤灿芳，鲜红葳蕤，粉红靓妆，金黄娇溢，橙黄韵藏，复色照彩，洁白云镶。

遂乃相偕出游，徘徊芳洲，撷芳梁亳，流连高丘。丹采灿然，像火神之炎炎；拂吹中节，若夫子之优游。文雅台侧，羽衣潇洒；木兰祠边，俊采沉浮。遂而与白云而颉抗，移清冷而偃休。八关斋内，华蕊共英风相和；张巡祠外，劲枝与豪气挥道。烟霞氤氲，文通辞采；泉石泠泠，希文嘉猷。

至若饮酒乐甚，则采芳蕰，之南亩，思远人，倚户牖。藉清容以谈宴，时遐观而矫首。远近之士，莫不采撷兮陵阜，移来户左；洒扫兮庭阶，植彼园右。

而乃触地生根，向阳吐萑，枝发则础润，蕊丽则流丹。白缎、绿云，绿野、绯扇，景光浮而天开，妖娆竞而滋蔓。紫光、斑栎，姿容天俏；蓝月、花楹，呼喻菀兰。朱墨、唐红，逞氤氲之墨痕；彩云、花车，铺泱溙之游澜。

乃扶御车，游书台，泛白河，依藤绿。仰颛顼之神迹，叹伊契之良辅。溯文字之初源，探南华之仙府。长虹十里，煜燿兮北市；龙沙离离，葳蕤兮南浦。于是欣杜康而腾欢，倚玉棠而微醉，乘飞虎而冶容，餐花仙而迷户。

于是背下陵高，秋驾济汶，置酒阳台，逍遥高郡。群霞灿慈，象初日之光景；丽影斜斜，挽夕月之潜晕。乃衔佳醪，舒清韵，敷芳丛，来远近。

悠悠千载，美圣哲之长往；振振华族，谌和乐而高臻。纵心意之萧散，盘桓晴壑；齐老庄之为一，戏彼锦鳞。乃临清流而枕漱，遵大道以展伸。

是以古城之下，苑落庭堂，芬香萦回，户阶流光。黄髫游嬉，徜徉其侧；士女咏歌，曼舞清觞。共乐和谐新景，祇颂盛世隆昌云云。

"诗词曲"三人行

陕西李毅民会士，笔名：尕丁擅长律诗，书写工整，用词精炼
南京葛建亚会士，笔名：剑雅喜好填词，精工细作，格律严谨
山西刘红女士，笔名：寒星专攻散曲，风格泼辣，潇洒痴狂
三人结伴，诗词曲同台，唱和月季主题，弘扬月季文化

尕丁诗·（七律）月季集邮
中华自古誉花都，月季王国世界殊。
方寸秀色留香久，无限浓情妙笔书。
奇葩随心翻作浪，盛会共赏饱眼福。
喜看邮苑开新宇，永葆不谢长春图。

剑雅词·（满庭芳）月季节集邮文化活动感怀
方寸之间，百花绽放，姿色纷呈奇妍。
牡丹华贵，梅菊俏万般。怎比红苞月季，香浓郁，妖娆媚眼。
四时秀，秋去冬来，春意不散漫。
邮坛多雅士，心仪瘦客，建会办刊。倡研探之风，溯本求源。
办展娱情益智，诚可谓、文化结缘。
中国梦，五彩缤纷，大众幸福连。

寒星散曲（塞鸿秋）贺月季集邮文化节
花中皇后俏身姿，四季常开惹相思。
原本都是神农种，跃上方寸绽瑶池。
专题集邮展，年会喜庆时。更待京红赋新词。
注：京红是月季花名

月季赋

湘山

五月北京，燕飞莺鸣，月季绽放，花艳叶盛，簇簇团团如火，连绵无际纵横。挟势西山云雨，金水涟漪，缀天安门广场，飘香怒放京师，景山之巅，北海之畔，皇家御园，庙宇宗祠。龙腾虎跃，中轴月纵贯，环环散布，路路相连，多彩多姿，荟萃香山，凝露晨曦。花环水绕京城，疏影幽香风驰。

源于神州大地，发祥五洲大洋。花中皇后，缤纷艳丽，繁茂隆昌。月月红、藤蔓月季、大花月季、丰花月季、微型月季、树状月季，五彩纷繁，四方飘香。

绿如绸，红似霞，国人喜爱尤嘉，誉为北京市花。虽不似牡丹富贵，蜡梅孤傲，烟杏雨斜，碧桃芬芳；却独艳河旁、藓苞，荒野阡陌，生根发芽，随风而长，现蕾天涯。

借助骄阳东风，四合院落，空地角中，墙头护栏，荒地草丛，婷婷玉立。清香怡趣人家，居家环顾映红。恋人情侣，月明烟朦。花前月下，缠绵悱恻，海誓山盟，情浓水融。清风徐徐吹来，携酒呼友，公园绿地，换斛举杯；楼台亭阁，赋诗品茗，敞扉竞才。

京腔迭起，随香散开。花影斑驳，玉笛横吹，京韵欲醉，瑶琴婉转，花湿星移。不知月季滋润京剧，抑或京韵灿烂月季？

窗台一盆月季，临风霜雪春秋。暗香浮动，消除烦愁；偶遇挫折，望花忘忧。几度秋风夕阳，沧海桑田白头，流年似水，红尘悠悠；伫立窗前忆当年，青春年少，意气方遒。策马草原驰骋，踏歌林海漫游，醉卧雪域高原，笑行大漠沙丘。探索自然苦中乐，人生无悔华年流。

月季博大，不择地力，随遇而安；花艳绿茵，柔韧执著，绚丽清新，淡泊名利，甘于清贫。莫道草木无情，一叶一花纯真，一笑一颦有意，爱花护花凭人。美哉，月季！醉了大地，秀色无垠；靓了环境，怡然心身。

月季赋
——写给世界月季洲际大会
文香婵

你有牡丹之绮丽，
荷花之灵犀，
秋菊之傲骨，
蜡梅之凤仪，
你是"花中皇后"，
你是姹紫嫣红的月季！
啊，美丽的月季，
我惊叹，你品种繁多数以万计，
树状月季、丰花月季
大花月季、微型月季，
藤本月季、香水月季……
世界上兄弟姊妹最多的花神啊，
南阳的市花是你，
省会郑州的市花是你，
首都北京的市花也是你，
华夏大地80多个城市市花都是你。
啊，圣洁的月季，
我憧憬，你葱郁的新绿，
当万物复苏，当春回大地，
那花的蓓蕾，
孕育着勃勃生机，
稚嫩碧绿的叶茎，
静静沐浴着如丝的春雨。
脱俗不染微尘，
娇容脉脉依依，
尽显素雅神韵，
飘荡氤氲之气。
啊，芬芳的月季，
我醉心，你花开时节的旖旎。
白者如雪冰清玉洁，
黄者如金雍容华丽，
粉者如霞美艳动人，

殷者如血榴花堪比。
那片片娇媚的花瓣儿，
在风中歌唱，在月下低语，
摇曳万方仪态，
舞动在每一寸宛城大地！
啊，坚强的月季，
我倾慕，你的缕缕馨香。
飒飒秋风中，你含笑怒放枝头，
与寒霜抗争，冷雨中傲然屹立。
古往今来，
人们只记得秋日之菊，
其实那铮铮风骨、
那零落成泥香如故的倩影
——才是最美的你！
啊，醉美的月季，
我敬仰，
你豁达乐观的精神。
穷尽词汇难书其雅韵，
挥毫泼墨难画其神奇。
你是微笑，
温润着世人的心灵，
你是花神，
装点着汉都帝乡的美丽。
我们期冀，
在2019世界月季洲际大会上，
在大美南阳四圣故里，
绽放你楚楚动人的娇容，
赢得五洲宾朋的赞许！
啊，亭亭玉立的月季，
你是我心中最美的仙女！
啊，五彩缤纷的月季，
你是我心中最美的仙女！

月季赋

青山隐隐

月季者，色、香、形俱佳，且又"春去春来无相关，花开花落不间断"，真不愧花中皇后也！故赋曰：

香国皇后，芳苑奇葩。色香形神兼备，红黄白蓝一家。花开五色，有虹有霓更有霞；香飘四季，何春何冬又何夏？

家家庭养，户户盆栽。香熏大江南北，花漫长城内外。神州沃土，培就姿色之长存；华夏文明，孕育魂韵而不衰。

蔷薇同源，玫瑰共祖。千年栽培历史，万种成员家族。誉载《辞源》，尚存苏公之遗墨；名登《本草》，可见李翁之著述。

谦淡似云，热烈如火。谦谦甘为君子，烈烈诚是芳客。君子风范，有如行云与流水；芳客妆束，自当重彩而浓墨。

茉莉不艳，牡丹少香。唯伊且香且艳，何君敢攀敢谤？色耀人眼，观者流连已忘返；香袭人面，嗅者神怡而心旷。

芳名尊贵，雅号清高。飞鸽天鹅凤凰，黄金白玉玛瑙。贵妃西施，古今人物已齐聚；独立和平，天下事端尽涵包。

友好象征，和平信使。仇敌能化挚友，天涯可变咫尺。情定终身，尔可传情于往来；盟结寰宇，伊能沟通于彼此。

雨打霜逼，蜂欺蝶戏。枝斜略显柔弱，刺挺却是锋利。随风摇曳，楚楚兮我生怜惜；披钩肃立，铮铮乎谁敢小觑？

全粉莲

南都月季赋

郑胜利

滔滔汉水之北，巍巍伏牛之南，接秦岭依丹汉兮，临大别而育淮源。沃野万顷如玉碗，清渠千里送甘泉。托名山集佳水而独秀；多英豪出圣贤而名传。远古有龙兮，春秋展画卷。南缘北界，温热暑寒，物种繁茂兮，育名花而娇妍。四季如春皆佳景，墨客诗赋多咏叹。美哉南都，秀哉家园！

寒梅报春后，看迎春灿烂;桃李争艳过，赏芍药盛繁;姹紫嫣红春归去，夏荷仙姿结青莲秋来桂花香远，继观黄菊傲寒;红叶染了层林，茱萸紫了山川。四季各有争奇之花，唯一季之盛而留长叹！佳人怜落红逐水而哀怨，文人惜黄花凋残而怆然。南都之奇，却有长春一花而令人赞！赢皇后之美誉，得胜红之佳名，自春至冬，一岁十放，其艳丽不让牡丹，清绝不逊芙蓉。花瓣层叠胜秋菊，玉萼香蕊超杜鹃。清丽婉约压桃李，幽香雅韵竞梅寒！春盛之时，百花避让，岁寒之季，仍斗苦寒。披轻雪而傲视残阳，带朝露而笑看江山！牡丹艳而少香，桂花香而少艳，唯月季既香又艳，引古今师写魂，醉无数骚人题赞！"只道花无十日红，此花无日不春风。"这是宋诗人杨万里在《腊前月季》一诗中的赞叹。

南都之北，石桥古镇，月季栽培历史久远，秀园千顷，花团锦簇。品种经世代培育，名目繁多。红者殷殷，其名曰:桔红火焰、绯扇、香云也;粉者如霞，其名曰:花魂、醉香、玉带也;黄者如金，其名曰:金凤凰、欢腾、长虹也;绿者如玉，其名曰:绿云、绿萼、碧玉也;白者如雪，其名曰:白缎、白雪、清云也。名目之繁，千种以上，花瓣之妍，风情万种。清丽雅韵，如朝露带霞、韶光映辉。绿叶刺干，如翡翠之灵透、碧玉之晶莹。叶托粉萼而绽放，刺带晓露而凝珠。花携轻云而含娇，蕊散馥郁而引蜂蝶翩翩。

而今月季是南都之名媛，盆地之骄傲，清水之雅韵，宛城之市花。由石桥而延及城周，异彩纷呈，春光无限。月季之乡与恐龙化石、独玉齐名，使盆地山川生辉，清水流香。南都月季之盛，织楚天之锦绣，浮清湖之虹霓。迎远客而含笑，引宾朋而醉赏。

武则天有牡丹之爱，陶渊明有菊花之嗜，周敦颐有爱莲之说，高贤者有梅花之赞，而宛人则皆爱月季！"别有香超桃李外，更同梅斗雪霜中。折来喜作新年看，忘却今晨是季冬。"月季之盛，南都闻名，穷其佳句，难尽月季之妙;搜尽辞藻，难写月季之韵。时值月季盛会，作赋以颂名花，思月季之丽影如清魂而时现，入梦境而萦怀。娇容婉约似春风常伴，如君子谦谦。不与群花争高下，只留长春在人间！

花中之皇后，唯月月红是也。

月季花赋

狂马奔腾

天地多情，东君美意。造化群芳，传播美丽。五彩缤纷，郁香四溢。赏心悦目，给人惊喜。然世事万物，各有衰荣。因时因地，隐现娇容。牡丹国色，只委春风。黄菊清雅，常见秋丛。唯有月季，四时常红。

月季雅号瘦客，又名长春之花，倩影遍布欧亚，原产本在中华。月月皆吐苞蕾，季季都绽奇葩。多情多姿多彩，如火如荼如霞。红色蓓蕾，象征纯洁爱情。白色花朵，寓意崇高尊敬。蓝紫月季，表示珍贵爱惜。黄色月季，传递快乐喜庆。绿白月季，展现赤子之心。黑色月季，突出创意个性。月季花好，蕴含希望幸福，月季长新，凝结深情灵性。

月季可贵，生命顽强。开遍大江南北。展姿城市山乡。艳而不娇，雅俗共赏。或置高楼阳台，一盆辉映朝阳。或栽农家小院，几株焕发春光。或在路边含笑，引得行人瞩目。或在公园展览，诱来万众徜徉。身处闹市，不以哗众取媚，开在深山，依然抖擞飘香。广结人缘，誉为百姓之花。平凡珍贵，荣列十大名芳。

莫道花无百日红，此花月月闹春风。多姿多彩多含韵，不媚不骄不附庸。

时展名园迎雅客，常开小院伴童翁。根深叶茂腰杆硬，笑对人间夏与冬。

别号誉长春，花开月月新。温良恭俭态，红白紫黄身。

不与人争艳，欣同众结邻。岂随春色老，时有看花人。

窗外雪飞白，屋中花带春。红浓根染愿，翠淡叶藏颦。

不伴芳菲主，来陪尘土人。风流千种态，岁月化无垠。

只道花无十日红，此花无日不春风。一尖已剥胭脂笔，四破犹包翡翠茸。

别有香超桃李外，更同梅斗雪霜中。折来喜作新年看，忘却今晨是季冬。

花开不断，怒放枝头春色艳。妩媚轻匀，疑是彩霞降世尘。

恨相知晚，欲赋诗词思绪乱。辞尽言乏。借用风流赞此花。

3

月季绘画

博物绘画

左图 花亘四时（陈桂荣画），国画，75cm×45cm　**中上图** 娇艳欲滴（黄智雯画），水彩，38.5cm×28cm
中下图 恋（吴慧颖画），水彩，27cm×36.5cm　**右图** 花蝴蝶（戴越画），水彩，54cm×38cm

　　博物绘画，亦称自然艺术绘画，除了追求作品的艺术美，他们对所描绘自然对象的准确性要求近乎苛刻，动植物的结构、质感表现、特征描绘以及自然环境的全面信息都力求真实准确，将我们认为不相干的自然科学与艺术，紧密地结合在一起。绘制这些花木鸟兽的人，大都有着生物学研究的经历。也就是说，一个自然题材艺术家还可能是一名动物学、植物学方面的专家。

　　传统中国画的花鸟画注重写意，常常有托物言志，借景抒情的作用，动物的身体结构不对，羽毛排列不对，花鸟画根本不在乎，也无伤大雅。而自然题材艺术讲究绝对严谨，不能在科学性这方面有一丁点儿错误。绘制一幅自然艺术画作，是一个很繁琐的过程，往往要耗费一个自然艺术手绘师大量的精力。首先，你要观察、熟悉所绘植物的所有特征，还需要查阅大量资料，确定哪些特征是必须要画下来的，作品里的每一个物种都要准确地说出它的拉丁学名，而中国花鸟画不会这么严格；其次，要设计恰当的色彩、绝妙的构图和精妙的光影等。

博物绘画是一种比摄影更准确的绘画。自然艺术绘画可以将动植物解剖图、不同生长期的全貌、雌雄鸟和幼年成年体、甚至不同生态系统的动植物绘制在一张纸

上图左　'流星雨'月季（吴秀珍画），水彩，39cm×27cm
上图右　'流星雨'月季（吴秦昌画），墨线画，54cm×39cm
下图左　月季花卉素描（陈东竹画），素描，39cm×27cm
下图右　'平湖秋月'月季（陈钰洁画），彩铅，39.3cm×27.3cm

上，这是摄影技术所不能实现的。

　　早从地理大发现时代开始，西方的探险家、科学家和画师联手，不仅使得大量动植物新种被欧洲人辨识、记叙和描绘，也留下了大量珍贵的艺术作品。每一幅博物绘画都包含了一篇甚至好几篇科普文章的信息量。国外的博物手绘起步早，各方面信息资料全，发展到今天依旧生机盎然，一幅精美的自然科学手绘作品甚至价值连城。而中国，直到19世纪末才出现真正意义的博物绘画。

上图左 七姐妹（张洁画），水彩，40cm×28cm
上图右 平阴玫瑰（朱力杨画），水彩，38.9cm×56.4cm
下图左 粉色月季（戴越画），水彩，39cm×28cm
下图右 月季红双喜（蒋正强画），素描，37cm×27cm

上图 '粉扇'月季（李小东画），水彩，
57cm×39cm
下图 '金色夏天'月季（李小东画），水彩，
57cm×39cm

博物科学画则是以特殊的科学形象语言来诠释物种特点，它以一种最直观，规范的形象符号来和读者进行信息交换；它有着完整的动、植物形态编码译码等信息共享系统，能精确地传达一种客观视觉印象；它体现了绘画者对科学概念的整理，使动植物科学画的表述不局限于某物种的个体，而是表达这个物种综合、整体的典型特征。博物科学画首先必须科学地表现动植物，而博物绘画一般只注重其相似和近似。

博物科学画属于实用美术，它是动、植物科学研究专著中的插图。它是伴随动、植物科学研究论文、专著的出版需求而产生的，有着明确的描绘对象和用途；它是结合研究者的文字描述配合使用的绘画，通过形象的方式客观地记录植物本身，展示本物种的形态特征，以区分不同物种间的差别。画种本身的目的性很强，但应用范围有限。

博物科学画传递给读者一个对该动植物定性结论的可视化信息，以作为动植物档案，在应用中对照、鉴定和识别植物。它更注重科学、准确地表达动植物体形态，杜绝无限的夸张。它是经过绘画者的思维整理后呈现出的一个形象的、典型的科学概念。

博物科学画和动植物分类学研究中文字描述的关系密不可分，它们常以证据及

上图左　费加罗夫人（梁惠然画），彩铅，37cm×28cm
上图右　粉白融合的幻境（刘素璇画），丙烯＋水粉，39cm×27cm
下图左　粉玉的梦缘（刘素璇画），丙烯＋水粉，54.6cm×38.9cm
下图右　速度与激情（刘素璇画），钢笔画，27cm×21cm

档案的身份出现在人们的面前，给大家认识自然提供一个更加准确、可靠、专业的鉴定工具。

虽说博物科学画是为博物研究服务而存在的，但从某种意义上说它与博物研究又是一种互为补充的关系，一些文字描述难以构筑的形态图像，博物科学画能形象、简单、明了地表达出来。此外，它还能带给我们美的享受。科学的文字描述诉诸的是科学的理性思维，而科学绘画除了能形象、直接地诠释理性的科学概念外，同时能把感官享受置于真知之上。博物科学画可以跨越界线，让艺术与科学彼此交融，彼此关照。

相对于博物画家，真正意义上的博物科学画家屈指可数。中国当代称得上博物科学画家的首推曾孝濂先生，20世纪90年代以来，他曾经设计过很多珍稀动植物题材的邮票，比如2008年发行的《中国鸟》，多种不同栖息地甚至不同分布领域的鸟本是不可能相遇的，但在他的作品中，它们集中出现在同一画面中，却并不让人感觉不合理，细看每种鸟，它们的生境、行为甚至食性都是准确的。《中国鸟》获得第十三届政府间邮票印制者大会最佳连票奖，这是中国第一次也是迄今为止唯一一次获得该项奖项，填补了国际大奖的一项空白，意义深远！

博物科学画与艺术绘画不同，艺术绘画给人们带来感官上美的乐趣，在模拟自

左图 粉扇（吴秀珍画），水彩，39cm×27cm
右图 坦尼克月季（吴秀珍画），水彩，57cm×39cm

上图左　香水月季（余汇芸画），水彩+彩铅，38cm×53cm

上图右　月在心头（叶彩华画），水彩，50cm×38cm

下图左　红双喜（李聪颖画）

下图右　绿萼（李聪颖画）

然中，不同的艺术家往往会给出不同的答案，他们是在构筑一个情节或情绪以此来彰显自己的认知，艺术家往往会把自己对自然的思想和观点以及他们的好恶感灌输给读者。

　　博物科学画是基础科学，是动植物分类学的一部分，它的功能就是记录动植物形态，阐述科学知识。它要求绘画者精警缜密，摒弃那些飘逸潇洒的线条，用很肯定的笔触直面自然。它是一种文化，谋求的是协助人类认识自然，积累准确的基础科学信息数据。

左图 现代月季（李聪颖画）　　**右图** 卡罗拉（张磊画），水彩，28cm×20cm

2019世界月季洲际大会月季博物画展将于2019年4月28日—5月2日、2019世界月季洲际大会举办期间，在南阳世界月季大观园展出，由2019世界月季洲际大会组委会、中国花卉协会月季分会、月季集邮研究会共同举办。本次画展由第十九届国际植物学大会植物画展主评委、2019北京世界园艺博览会特聘画家、科学画家泰斗、著名邮票设计家曾孝濂，担任主任评委。

自2019世界月季洲际大会月季博物画展作品征集启动以来，得到了博物画家的热烈响应和积极参与。每幅博物画创作周期短则一个月、长则三个月到半年以上，创作者都付出了艰辛的努力。此次画展从征集到评选均按国际标准进行，组委会共收到博物画家作品60多幅，经认真评选，入选作品的博物画家有20位、作品50幅，其中优秀作品8幅、入选作品42幅。

博物园里月季艳。曾孝濂大师特为本次画展选送了荣誉展品"月季科学画"。中国邮政自2013年至今发行的《花中皇后 南阳月季》系列邮票，2019世界月季洲际大会纪念邮票册采用的月季邮票主图均由他设计，他曾为中国邮政设计了杜鹃花、十大

曾孝濂1998年创作的《月季》作品

月季六品（李小东画），水彩39㎝×27㎝

名花等多套植物花卉邮票。入选作品的20位博物画家均为2017第十九届国际植物学大会植物画展，或2018植物艺术全球联展展出作品的画家。组委会将为入选作品和优秀作品颁发证书并颁奖。此次画展将填补中国没有月季博物专业画展的空白，开创世界月季展会月季博物画展的先河。此次画展作品，将参加中国花卉协会月季分会组织的北京世界月季博览会月季竞赛月季博物手绘竞赛，入选作品将于2019年5月在北京世界园艺博览会国际馆展出。

《玫瑰圣经》——月季博物画的巅峰之作

约瑟芬特别痴迷玫瑰①，早在拿破仑外出远征之时，她为了排遣孤寂，就在梅尔梅森城堡中开辟了一片花圃，在那里种下了当时所有知名的蔷薇品种。到1814年约瑟芬去世时，这座花园里已拥有约250种、3万株珍贵的玫瑰。

1798年，当花朵绽放时，约瑟芬向花卉图谱画家皮埃尔·雷杜德发出了邀请，雷杜德一生最重要的创作开始了。这位年轻的画家历时20年以一种强烈的审美加入严格的学术和科学中的独特绘画风格完成了一部盛传不衰的图册，这就是著名的《玫瑰图谱》被誉为《玫瑰圣经》，被誉为最优雅的学术，最美丽的研究。皮埃尔·雷杜德（1759－1840年）出生于法国圣于贝尔一个画家世家。23岁时成为国家自然历史博物馆工作的著名花卉画家杰勒德·范·斯潘东克（1746－1822年）的学生兼助手。

整部《玫瑰图谱》耗时20年，其分类描绘的玫瑰多数来自于梅尔梅森城堡玫瑰园。它共有170幅版画，配有由法国园艺家兼植物学家格劳德－安托万·托利撰写的介绍文字。

《玫瑰图谱》共三卷，在1817年至1824年间分30期出版，共有10名艺术家和雕刻师及上百名配色工人参与制作。这本书只出版了五册大型对开版，其中每一朵玫瑰都画有单色版画和人工彩色版画。雷杜德的玫瑰可分三大类：古代的野玫瑰，如犬蔷薇河长青玫瑰；中世纪的玫瑰，如白玫瑰和臭蔷薇；近代引进到欧洲的玫瑰（主要是亚洲的蔷薇）。

这本玫瑰专集很快就取得了巨大成功。在此后的180多年时间里，《玫瑰图谱》以各种语言和版本出版了200多种复制本。《玫瑰图谱》在艺术和学术上的成功，使得雷杜德一直享有"玫瑰大师"的声誉，而《玫瑰图谱》本身更被推崇为"玫瑰圣经"，成为无人逾越的巅峰。

---

① 注：该文中"玫瑰"不同于汉语的玫瑰而是英语的"rose"，实指蔷薇属，包括汉语和拉丁文的蔷薇、月季和玫瑰三种。

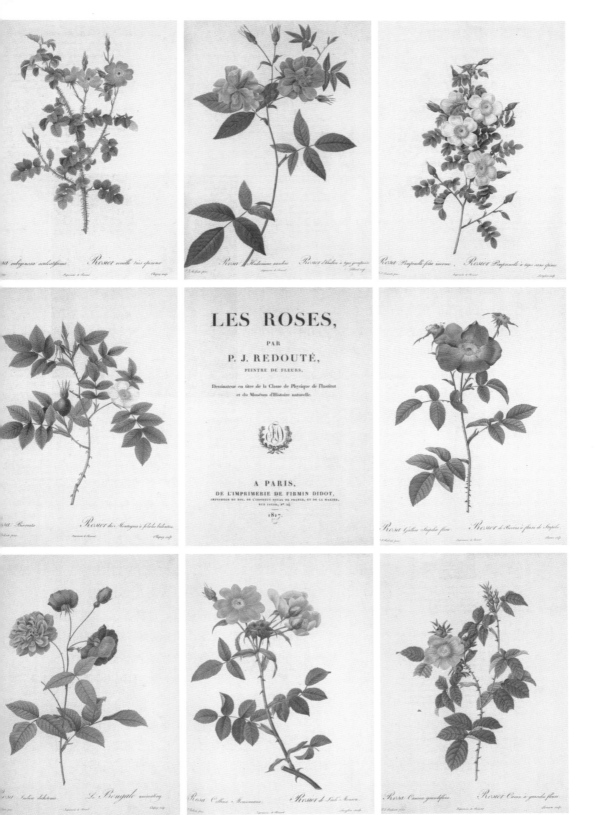

法国花卉画家雷杜德于1817年至1824年创作的《玫瑰图谱》扉页及部分作品

艺术绘画

绘画艺术源远流长。一般认为，从古埃及和中国等东方文明古国发展起来的东方绘画，与从古希腊、古罗马发展起来的以欧洲为中心的西方绘画，是世界上的两大绘画体系。这两大绘画体系在历史上互有影响，对人类文明都作出了各自独特的重要贡献。绘画本身的可塑性决定了它具有很大的自由创造度，它既可以表现现实的空间世界，也可以表现超时空的想象世界，画家可以通过绘画来表现对生活和理想的各种独特的情感和理解，因为绘画是可视的静态艺术，可以长期对画中具有美学性的形式和内容进行欣赏、玩味、体验，所以它是人们最容易接受而且最喜爱的一种艺术。

西方的静物画，大约在古希腊时期就已经产生了。他们所描绘的金属、丝绒、玻璃等就具有逼真的质感。可是，这些东西过去只被用作宗教画或肖像画中的道具和背景。随着欧洲文艺复兴运动的发展，肯定现世幸福的人文主义思想使当时的艺术开始关注和表现人的生活和生活环境，于是静物画作为独立的绘画题材在17世纪再度兴起并正式成为西方绘画的重要样式。在众多的大师们的努力下，将这一画种从色彩到形式，从内容到造型，推向高峰。静物画的发展，是由于人们对表达来之不易的安宁富足的生活，产生出由衷的喜悦。也显示了人类社会对物质世界存在的依赖，各种各样绚丽的花卉，表现了人们追求美好生活的向往；品类繁多的蔬果鱼肉，标志着丰盛的餐宴；擦得闪闪发亮的日用器皿，显示出居室的雅洁和主人的勤快。所以，在这些刻意求工的静物画中，也不止是对于各种物质特性单纯的模仿，它们还是表现了人们的生活状态、精神需要和对于生活的理想。如其中以独幅画方法描绘的花卉、陶器彩绘等。

中国绘画是中国文化的重要组成部分，根植于民族文化土壤之中。它不单纯拘泥于外表形似，更强调神似。它以毛笔、水墨、宣纸为材料，建构了独特的透视理论，大胆而自由地打破时空限制，具有高度的概括力与想象力，这种出色的技巧与手段，不仅使中国传统绘画独具艺术魄力，而且日益为世界现代艺术所借鉴吸收。

中国绘画广义地指传统中国画，既有狭义的相互独立，也有广义的与西方美术融合融汇，其主要表现为艺术构思和图画寓意的显著不同。

中国的近现代美术绘画是华夏民族的聪慧与创造力最集中的表现之一，是中国艺术的代表，并在某种意义上标志着华夏文明在文化艺术领域的最高水准。远古壁画的神秘古朴，楚汉帛画的浪漫恢宏；魏晋佛画的绚烂庄严；隋唐界画的精湛瑰丽；五代山水的雄伟悠远；宋朝笔墨的飘逸出尘；元朝梅石的清秀隽雅；明清松竹的豪纵古拙；近代绘画的百花齐放。尤其是众多的画家把画笔投向了被誉为"花中皇后"的月季花，艺术家用任意挥洒的笔墨展现月季的花容秀美、姿态多样、色彩艳丽、四时常开的神韵。花之迷人在静美，在馥郁，在绚丽；花之感人在其品性所蕴生出的独特花意，在于人们赋予其的精神寄托。绘画并记录植物和花卉正成为一种流行的艺术形式。植物和花卉记录艺术正在复苏，越来越多的人希望能描画出他们看见的植物而不仅仅只是拍照。

画家们由衷地发现月季的多彩之魅，拿起手中的画笔创作出一幅幅美丽动人的月季画作，形成了独特的月季文化，是文物爱好者、美术爱好者、收藏家、艺术家和广大人民群众极其喜爱的艺术形式。

左图 手握爱神之箭的丘比特与普赛琪，被美丽的月季花簇拥和映照着。法国画家阿道夫·威廉·布格罗（1825-1905）擅长创作以神话、天使和寓言为题材的画作，1875年创作爱神丘比特，1890年创作儿时的丘比特和普赛琪等作品。1859年受封，1876年获得荣誉爵位（是法国艺术家的最高荣誉）、比利时与西班牙荣誉爵士、荷兰皇家美术学院的院士

右图 《玫瑰》（Roses），1889年，梵高

古代

据史料记载，中外绘画中自古就有月季画作。雷杜德的《玫瑰圣经》及中国古代月季绘画，不仅见证了辉煌的绘画艺术，更是为今天研究月季起源育种繁衍和发展提供了依据。

中国绘画的历史最早可追溯到原始社会新石器时代的彩陶纹饰和岩画，原始绘画技巧虽幼稚，但已掌握了初步的造型能力，对动物、植物等动静形态亦能抓住主要特征，用以表达先民的信仰、愿望以及对于生活的美化装饰。在中国宋代皇帝对月季画赞赏有加，明清以来更是有诸多月季传世名画留存。

北宋末邓椿《画继》卷10有记徽宗赏月季图一则云："徽宗建龙德宫成，命待诏图画宫中屏壁，皆极一时之选。上来幸，一无所称，独顾壶中殿前柱廊栱眼斜枝月季花。问画者为谁，实少年新进，上喜赐绯，褒锡甚宠。皆莫测其故，近侍尝请于上，上曰：'月季鲜有能画者，盖四时、朝暮、花、蕊、叶皆不同。此作春时日中者，无毫发差，故厚赏之。'"

现在所存的宋人花鸟画中，没见到有画月季的。《画继》卷8《铭心绝品》中有一条云"赵昌《丛萱月季图》"，可惜此图没有传到今天。宋人所绘的蔷薇则可以见到，如马远之《白蔷薇图》。宋人绘《百花图卷》中也有一种蔷薇科植物。但是，现存有乾隆时余省所作《仿刘永年茶行雀兔图》，刘永年为北宋花鸟名家，乾隆时清宫内廷画师所仿古画至少在形的方面一般都与原本距离不大，或者此图可以是宋代月季的一个参考。此卷左上画有一棵大月季，五片复叶，花阔瓣合抱，瓣似乎不很多。

明代周之冕所绘《花卉图卷》（上海博物馆藏）及《百花图卷》里绘有多棵月季，颜色紫红、粉红、黄色、白色，重瓣。晚明陈老莲所绘月季有深粉及白色两种，瓣极少，花型为深杯状，已与现代茶香月季同。陈老莲虽然工笔花鸟极工，但他与院派画不同，多简洁以文人画格出之，也不能据以判断当时月季花瓣的多少。与陈老莲约略同时代之恽寿平所绘月季，一红色一粉色一白色，花瓣较多，花型已经与现代月季大体相同，花瓣也不少，恽南田画花卉号称写生，看他的其他花卉作品也都比较写实。

清人绘月季较宋、元、明为多，花型颜色也有多种。月季有四时常开之意，竹有平安之意，所以多以月季与竹同绘，取四季平安的意思。乾隆时期郎世宁画有一幅黄月季，极有可能为传到欧洲去的黄色月季品种。清人画的这些月季，与现在流传下来的中国古老月季大体相同，成为古老月季重要的史料，具有较高的艺术和科学价值。

以丘比特与普赛琪的爱情故事为背景创作的西方油画。此画由英国画家、设计家伯恩·琼斯（1833-1898）1865-1887年创作。维纳斯因嫉妒普赛琪的美貌，派丘比特加害普赛琪，而丘比特爱上了普赛琪，这幅作品描绘丘比特第一次见到普赛琪的情景。温柔娴静的普赛琪卧于大理石浴池边，睡姿优美，背景中的月季增加了画面的抒情意味

唐代仕女画传世孤本与月季

有这样一幅画，它被收进了教科书，成为邮票图案；它以绢制成，却历经1200余年，保存至今；它被全世界学者关注；它是辽宁省博物馆的"镇馆之宝"，更是中国古代书画中的璀璨明珠。它就是《簪花仕女图》。

蕴藏在《簪花仕女图》中的月季却鲜为人知。画面中，一个惠风和畅的晴日里，仕女们在幽静的庭院中漫步，或捕蝶，或戏犬，或赏花，或若有所思。五位雍容华贵的仕女和一名侍者，衣饰华丽而精美，从薄纱下透出丰满的前胸与圆润的两臂。仕女的脸庞与身体都比较丰满，头发都梳为高髻，顶部分别簪有牡丹、芍药、荷花、月季、海棠。

"仕女"是古代对妇女的通称，而专门描绘仕女的"仕女画"很早就已经独立成科，在唐代尤其发达。《簪花仕女图》画长180厘米，高46厘米，以绢本设色制成，是目前全世界范围内唯一认定的唐代仕女画传世孤本。

簪花始于汉代风靡于唐宋，从文人雅士中逐渐流行于宫中。簪花所用之花既有寓意也是身份象征，月季作为簪花使用，可见月季早已被运用于古代人们的生活并进入当时的上流社会中。

上图左 花卉图卷（部分）（明·周之冕画）
上图右 仙萼长春图（部分）（清·郎世宁画）
下图左 月季图（部分）（清·钱维诚画）
下图右 月季（部分）（明·陈老莲画）

上图　月季（部分）（清·恽寿平画）
下图左　月季（部分）（清·华喦画）
下图右上　花卉图卷（部分）（明·周之冕画）
下图右下　百花图卷（部分）（宋·无名氏画）

近现代

名家绘画

近现代著名画家中，不乏画月季作品者。齐白石、关山月、吴冠英等都创作有月季画作，而将中国绘画艺术运用于月季创作，专注于月季绘画，也涌现出一批月季画家。

2019世界月季洲际大会在南阳举办之际，南阳的画家们倾情献艺，他们以寄情世界月季盛会的豪情，笔绘南阳，墨洒月季，为大会创作出一幅幅壮美的月季作品，为一届精彩纷呈、永不落幕的盛会描绘出一道亮丽的月季文化风景。

丰硕（郭丽画）

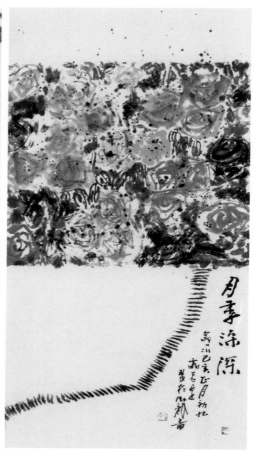

望春（姜品画）

月季深深（雷鸣画）

绿刺含烟（张荷画）

月季花红暖人心（李正国画）

四时常放浅深红（张康画）

别有香超桃李外（许凤华画）

四时富且贵（朱登峰画）

月季正堪颂（张亚平画）

含香（赵河画）

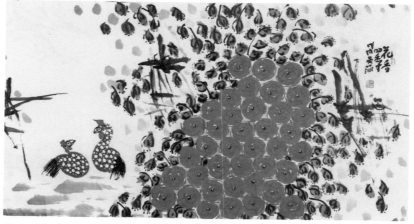

花香四季（吴菲画）

月季花红（王斐画）　　　　　　　仙家栏槛长春（王林画）

花香四季（李宝玉画）　　　　　　此花无日不春风（尹光庆画）

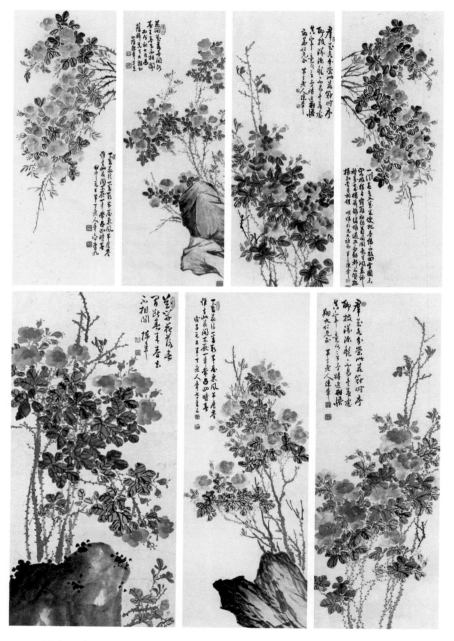

　　陈半丁（1876–1970年），即陈年，画家。浙江省山阴（今绍兴市）人。家境贫寒，自幼学习诗文书画。拜吴昌硕为师。40岁后到北京，初就职于北京图书馆，后任教于北平艺术专科学校。擅长花卉、山水，兼及书法、篆刻。曾任中国美术家协会理事、北京画院副院长、中国画研究会会长。

吴冠英，清华大学美术学院信息艺术设计系教授、博士生导师，中国美术家协会动漫艺术委员会副主任，教育部高等学校动画、数字媒体专业教学指导委员会副主任委员，文化部扶贫动漫产业部联席专家委员会专家委员，北京电影学院客座教授。

薛兆湖，字莫天，号月季斋主。1953年出生，山东省枣庄市人。曾任中央中国画研究院鲁南分院教授，中国国画院鲁南分院常务副院长，山东省齐鲁青檀书画院院长，四川蜀都画院名誉院长，客座教授。国家一级美术师。

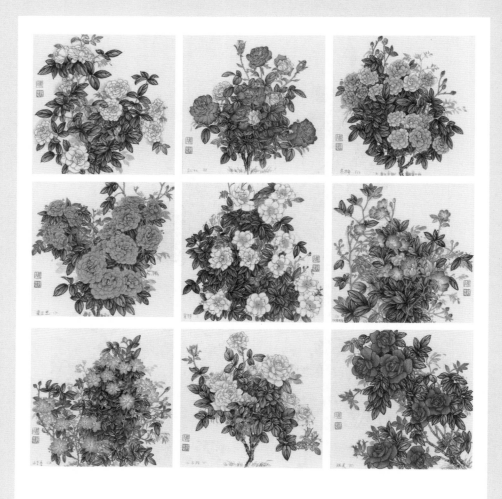

　　冯效忠，自幼学画，毕业于河南大学美术系，专攻工笔花鸟人物，擅长工笔花卉。1992年作品《牡丹》入选河南省第三届卫生美术作品展，1994年作品《花开几时》入选开封市第八届美术作品展，2005年参与套色创作的烙画《百骏图》《清明上河图》《虹桥》片段被全国人大机关办公厅收藏，2010—2011年，开封清明文化节《清明百景》（第一组、第二组）个性化邮票设计者；为开封第30届菊花文化节《天下菊花》邮票大全绘制200枚邮票图稿，2013年为《花中皇后 南阳月季》系列邮票绘制图稿。

"月季王" 罗国士，国家一级美术师、中国美术家协会会员，有"月季王"之美誉，他的"弧面皴""雪景""罗月季"被誉为"罗氏三绝"。

1989年，他为钓鱼台国宾馆作巨幅山水画"太华浴月""月季四屏"。1990年，在台湾举办的中国著名

《好花开四季》罗国士

书画家联展中，"月季图"作品荣获最佳作品奖。1991，陕西电视台拍摄专题艺术片《华夏一奇——长安月季王罗国士》在全国播出。1997年，被美国世界名人传记中心评定为世界著名艺术家。2007年，月季花作品《大地飘香》在"两岸三地书画名家作品展"中被评为金奖。

1985年，罗国士第一次到美国圣保罗市访问，那是他第一次踏上异国土地。当时，中美文化交流还比较少，美国艺术家听说来了一位中国大画家，就提前准备了一个画油画的大画架，请罗国士作画，旨在一睹中国画家的艺术神奇。罗国士摸了摸了大画架，笑着说："这画架我在学生时代用过，可是中国画不用画架。"说着，他搬动大方桌，拼成一个画案铺上毡，摆开画笔颜料，然后铺开了一张半透明的薄纸。当时全场一片哗然：这么薄的纸能作画吗？罗国士先生微微一笑，拿起毛笔调色弄墨，在那张半透明的薄纸上涂、抹、点、染、皴、擦，运笔节奏很快但有条不紊。仅仅半根烟的功夫，一簇色彩娇艳的月季花跃然纸上，花蕾、花瓣、花朵、枝叶无不惟妙惟肖，就连花枝上的毛刺都感到会扎手！罗国士一放下画笔，美国著名大画家洛伊德·哈芬多尔先生便紧紧握着罗先生的手，激动地说："有缘见到你魔术般的画技是我的幸运，你是真正的艺术大师！你的艺术绝技是属于全世界的！"

这幅画画的，就是堪称"罗氏三绝"的罗氏月季。"我看过很多人画的月季，但从来没有一个人画的月季比得过罗老。"著名书画家潘芃这样评价罗国士的月季。罗先生是特别喜爱花的一个人，他的房前屋后都种有月季，就是在寒冷的冬季，他的画室也少不了月季花。用他自己的话说，不管是什么季节，是阴天还是晴天，花总能灿烂地绽放在他的心里。因而，他画的月季花，有一种多维的感觉，用宋代词人秦观的词"自在花飞轻似梦"形容他的月季恰到好处。

罗国士一生钟情于月季。为了艺术创作，他在屋前屋后一亩多地上，种了40多种月季。如有闲暇，就去与月季对话，一蹲就是大半天，仔细观察，揣摩，进行艺术构思。

　　罗国士，1929年12月出生于湖北省十堰市房县。国家一级美术师、著名书画家擅长中国画。1948年入伍在某师文工团，1951年入西北艺术学院美术系学习。1962年中央戏剧学院舞台美术系进修结业。后任陕西人民艺术剧院美术设计。曾为中国美术家协会陕西分会理事，中国美术家协会陕西分会艺术委员会委员，陕西省美术家协会组委会委员。现为陕西省美术家协会顾问，香港美术学院荣誉教授。

"月季的结构很复杂，花瓣层层叠叠，要画好，就要研究它。"罗国士一片片撕下月季的花瓣，看它们的内里乾坤，并且一年四季观察它们姿态、习性，所以他笔下的每朵月季都活灵活现。他运用一种薄如蝉翼的特殊宣纸，采用工笔写意，使月季鲜活传神，跃然纸上。

他说"弧面皴"是他在绘画创作中的一种习惯而慢慢形成的特殊画法。比如画月季，花瓣就像碗或者瓢扣在那里，一瓣一瓣的很饱满，纹理和透光很清晰，所有的花瓣都是弧形的，这样就形成了弧形的技法，人称弧面皴。用这种技法画出来的月季看起来很逼真。我表现的月季美丽而刚毅，野趣而富实，这实际上是我内心情绪的一种流露和宣泄。我对月季有多年的研究，我画月季色彩虽然很艳丽，但却很雅致。色彩不是主要的，主要的是能够勾勒出它刚毅的姿态，给人一种富实的美感。

著名作家冰心老人赞曰："月季花是我所喜爱的一种花朵，国士同志画得尤其传神。"

著名月季画家宗继光 宗继光，高级美术师，当代著名月季画家，代表著作《月季花表现技法》。

自幼习画，潜心于花鸟画的研习与创作，兼工山水及油画，特别是对月季花画法的研究和创新，将东西方绘画技法融会贯通，同时对花鸟画的大场景制作开辟了现代空间，形成了自己独特的艺术风格，作品多次在国内外展出并获奖。

宗继光，男，汉族，1953年生，北京人。当代著名月季画家。北京中国画研究会会员、首都书画艺术研究会研究员、北京燕京书画院副院长、中国工业设计协会、展出设计协会会员、中华清风书画协会理事、中华书画委员会理事、齐白石艺术研究会理事等，高级美术师、中国民主促进会会员。

    青少年绘画　为弘扬和传承月季艺术文化，通过月季绘画比赛，激发青少年热爱月季、学习月季的兴趣，推动月季科学文化的普及。中国邮政集团公司南阳市分公司、南阳市集邮协会、南阳市教育局、月季集邮研究会，自2013年南阳市首届月季文化节举办以来，每年月季花会期间，在全市中小学校组织开展月季邮票图稿绘画比赛活动，举办获奖作品展览。

    2015年中国南阳月季展、2016年北京世界月季洲际大会期间，举办了"南阳中小学生月季绘画图稿比赛获奖作品展览"，受到中外嘉宾的赞赏。月季邮票图稿绘画比赛至今已成功举办六届，有三千多所学校的十万多名中小学生参与比赛活动。他们在创作月季邮票图稿的过程中，认识月季、学习知识、感受月季的魅力，为宣传普及月季文化发挥了重要作用。2019世界月季洲际大会期间，将继续举办南阳中小学生月季邮票图稿比赛获奖作品展览。

南阳青少年邮票图稿绘画获奖作品选

4

月季书法及摄影

月季书法

中国书法艺术源远流长，凝聚着数千年文明的积淀和民族审美意识的追求，堪称国粹。由汉字书写升华为汉字书法艺术，它的历史演进过程和字里行间包含的美学思想，反映了中华民族特有的人文精神和高尚情操。

书法，是中国特有的一种文字美的艺术表现形式，是中国汉字特有的一种传统艺术，发端于中国汉字书写的技法技巧。几千年来，我们的祖先、无数的中国人将他们的智慧、学识、情感甚至精神追求寄托在书法艺术上，使文字书写这一本来属

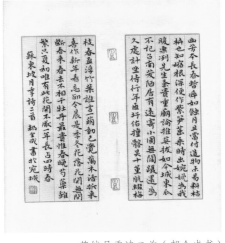

苏轼月季诗二首（郝全成书）

于社会交流的工具，升华成为具有极高美学价值的特殊艺术形式，并受到世界上许多民族、国家、人民的共同喜好和仰慕。

书法艺术是中国古代传统艺术的精华，是中国人独创的具有民族特色的一种艺术形式。使汉字的书写过程及字像结构产生出美的视觉感受，达到以字表意、传达情感的艺术效果，从而使汉字在应用功能的基础上，产生出艺术表现、欣赏的功能，并最终使艺术功能独立升华出来。

书法是中华民族伟大的艺术瑰宝。从广义讲，书法是指文字符号的书写法则。换言之，书法是指按照文字特点及其含义，以其书体笔法、结构和章法书写，使之

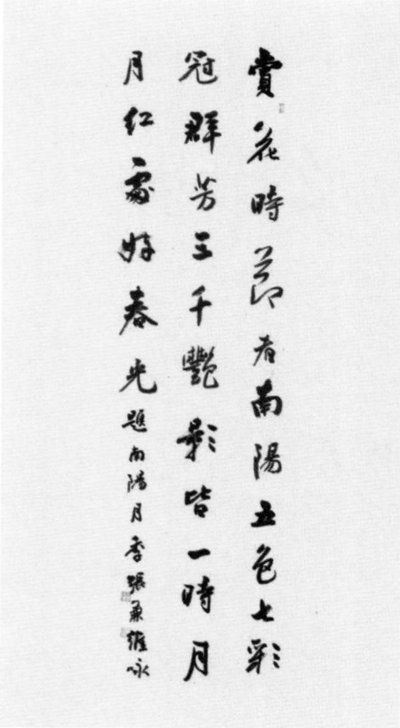

上图左　题南阳月季（张兼维书）
上图右　杨万里诗一首（刘新泽书） 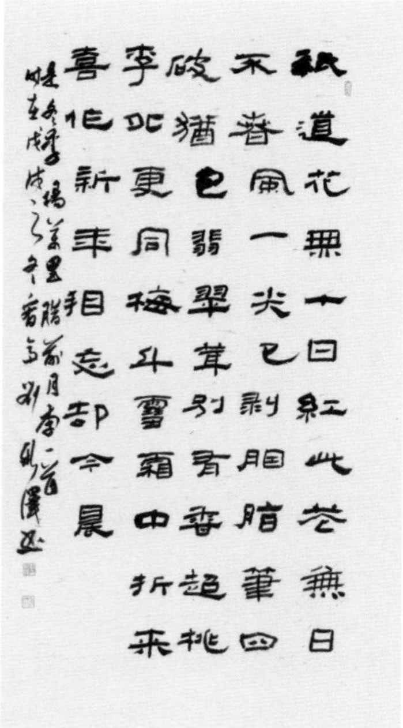
下图左　腊前月季（马绍堂书） 
下图右　明人诗一首（张青山书）

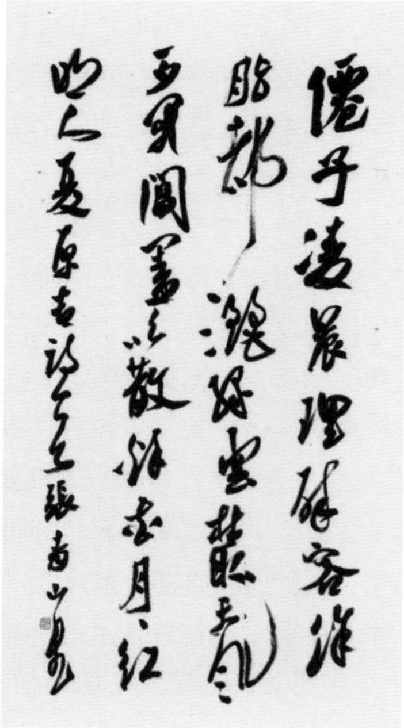

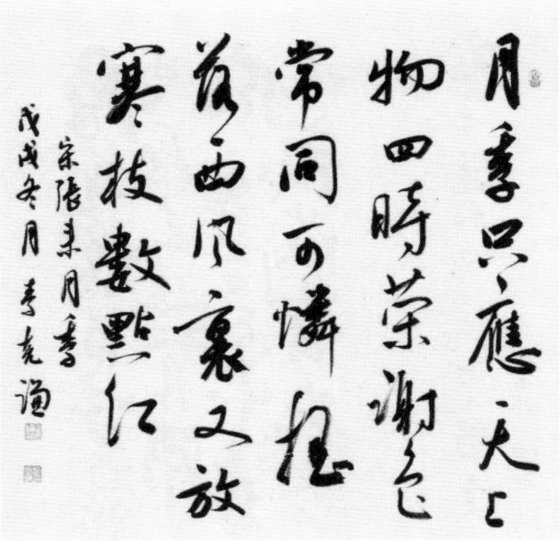

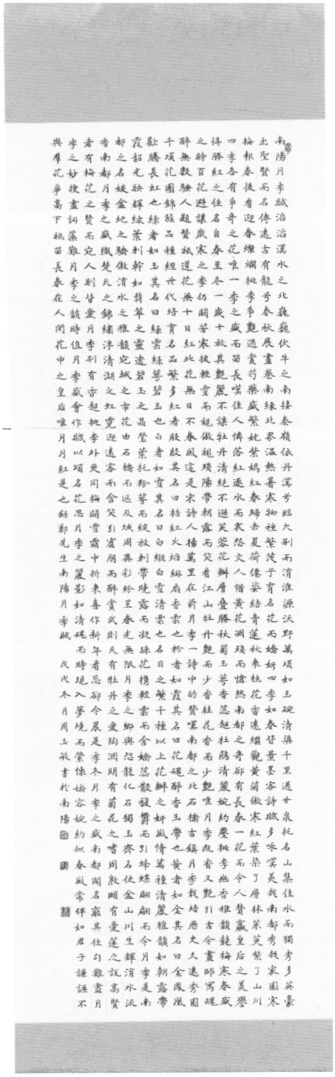

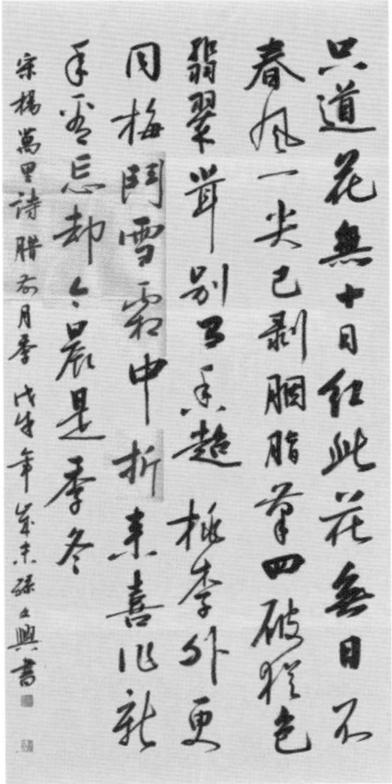

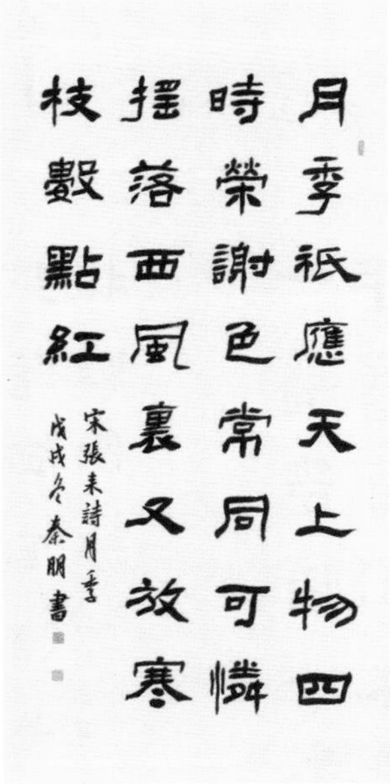

月季只应天上
物四时荣谢色
常同可怜枝
寒枝数点红

戊戌冬月季克谦

月季只应天上物四
时荣谢色常同可怜
摇落西风里又放寒
枝数点红

宋张耒诗月季
戊戌冬秦朋书

只道花无十日红此花无日不
春在一尖已剥胭脂等四破猩色
翡翠蕾别色更趣桃李外更
同梅阃雪霸中折来喜似新

宋杨万里诗腊前月季
戊戌年紫来孙文兴书

上图左　月季诗（雷航书）
上图中　宋代张耒月季诗（李克谦书）
上图右　南阳月季赋（周玉敏书）
下图左　杨万里诗（孙文兴书）
下图右　宋代张耒月季诗（秦朋书）

上图左　长春花（王卓书）
上图右　月季诗（王蕴珊书）
下图左　月季花（杨小立书）
下图右　宋诗一首（李维书）

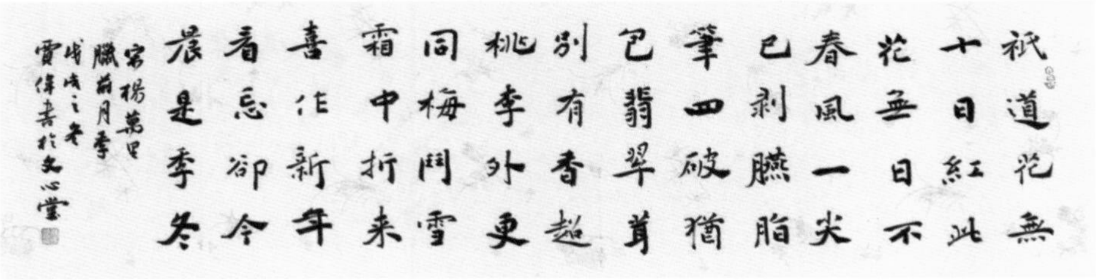

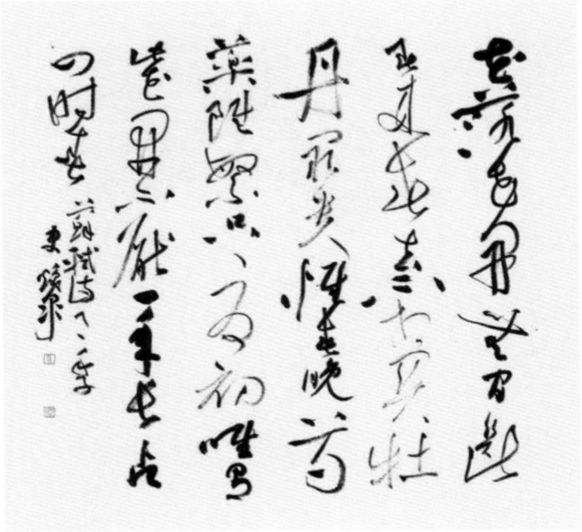

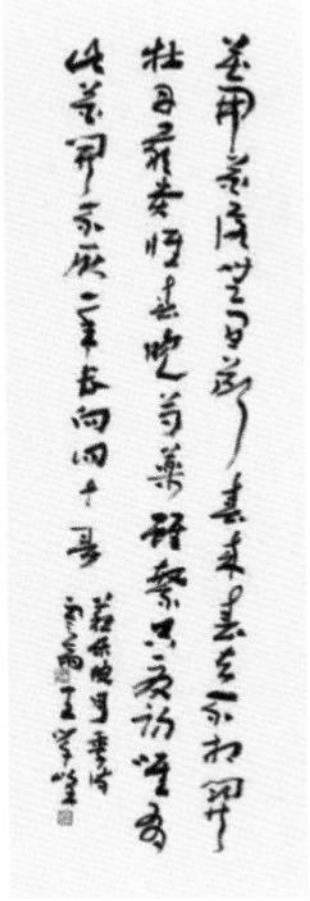

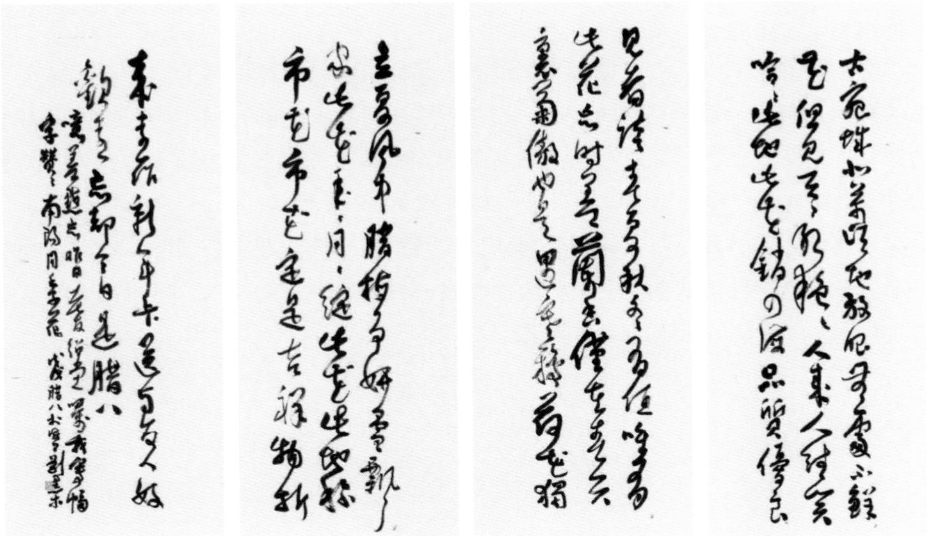

祇道花无十日红此花无日不春风一尖已剥腊脂笔四破犹已翡翠茸别有香趣桃李外更同梅闹雪霜中折来喜作新平看忽御令晨是季冬宜扬万里腊前月季戊戌之春雪伟书于文心堂

丛中月季笔勤春沈边锦鲤夏含情

上图　杨万里诗（雷伟书）
中图左　苏轼诗（史焕泉书）
中图中　苏轼诗（王雪峰书）
中图右　对联（李峰书）
下图　赞南阳月季（刘奇书）

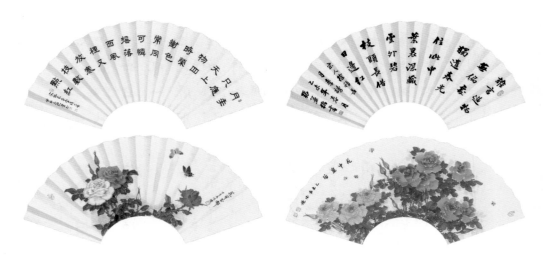

左图 折扇（马绍堂书，邱德镜画）
右图 折扇（张兼维书，邱德镜画）

成为富有美感的艺术作品。汉字书法为汉族独创的表现艺术，被誉为：无言的诗，无行的舞，无图的画，无声的乐。

书法艺术家们用笔端触摸月季的神韵，用立意揭示月季的博大，用神采表现月季的绮丽，用艺术展出月季的旖旎，用浓墨浸染月季的清新，用笔画线条勾勒月季的傲骨，用篆、隶、楷、行、草挥洒月季的姹紫嫣红，创作了内容丰富、艺术高超的月季书法作品，使源自中国的月季与书法艺术相映生辉。

笔舞盛会，书写美丽。为庆贺2019世界月季洲际大会在南阳举办，南阳市的书法家们，以饱含深情的墨宝，为大会创作出一幅幅月季书法作品，展示博大精深的书法艺术，彰显南阳深厚的月季文化艺术魅力。

月季摄影

摄影一词是源于希腊语φῶς phos（光线）和 γραφι graphis（绘画、绘图）或γραφή graphê，两字一起的意思是"以光线绘图"。摄影是指使用某种专门设备进行影像记录的过程，一般我们使用机械照相机或者数码照相机进行摄影。有时摄影也会被称为照相，也就是通过物体所发射或反射的光线使感光介质曝光的过程。有人说过一句精辟的语言：摄影家的能力是把日常生活中稍纵即逝的平凡事物转化为不朽的视觉图像。摄影是一种表达语言，但它也是一个脆弱的概念，这种脆弱指的是一种极为闪现念头之间的联系。摄影的艺术就在于，读者能清楚地听到那图像要说的话。更艺术的是，智商和情商越高的人，从画面中听到的就会越多。一万个人可能产生一万种语像。什么用光什么色彩什么构图，一切技巧都是为了艺术的表述。摄影是艺术的建造，摄影是历史的存照，摄影是视觉的盛宴……我们还可以赋予摄影更多的解说，但本质是同一个：摄影是一种文化的生活方式，是一种高雅的生命快乐。美的摄影给我们的生命一种滋养，给我们的生活一种提升。随着物质文明和精神文明的进步，摄影正以前所未有的广度、深度和亲和度渗透于我们的生存空

锦绣德阳（绵竹月季园）

间。摄影，是一种美的寻找。美的风光，美的肖像，美的静物，美的瞬间，美的神韵，美的感观，美的律动，美的视觉冲击……是摄影人用心为我们创作出来的。

岁月静好，辗转流年。人们越来越多地把镜头对准了月季，在月季中寻找美，在镜头中再现月季之美的真谛。月季摄影作品越来越绚丽多彩，越来越夺人心魄，留住月季花那盛开的美丽瞬间，让心中的月季永远春暖花开。

自2005年第一届中国月季展至今的九届中国月季展均举办月季摄影展，中国月季市花城市的月季节会也举办月季摄影展，镜头里绽放的月季影映出美丽的中国。2013年，南阳月季文化节隆重开幕之际，由《中国摄影报》、南阳市月季文化节组委会、中共南阳市委宣传部共同举办的"月季花城 美丽南阳"全国月季摄影大展，吸引各地影友300多人到宛采风创作。短短一个月的时间内共征集到全国30多个省、市、区的摄影作品7385幅（组）。摄影人积极参与，精心创作，迎日出，送晚霞，用心血和汗水拍出了一幅幅精美绝伦的画面，留下了美好，也留下了永恒。

右上图 庭院芳香（常萍摄）
下图 晨雾蒙花辉（孙少斌摄）

上图 曲径通幽（朱营生摄）
下图 此花无日不春风（卢国伟摄）

上图 月季扮靓南阳城（李斌摄）
下图 龙腾盛世（黄琨摄）

上图 姹紫嫣红 美丽乡村（朱营生摄）
下图左 寻花径独行（贺静摄）
下图右 月季花城 美丽南阳（姜华摄）

左页 梦中的玫瑰（王世光摄）
右页上 水润月季（陈秋月摄）
右页中 蕊（胡海英摄）
右页下 辛勤（王世光摄）

長春毘蕊四季生
月季茶芳品萬種
嬌艷菲簧鐵面紅

癸巳年之春攝於南陽

依偎（师志勇摄）

5

月季集邮及藏品

月季集邮文化

月季集邮研究会

月季集邮研究会是由月季、集邮、文化艺术等专家、学者、爱好者共同发起组成的社会公益组织，由中国花卉协会月季分会、南阳市集邮协会主管。

2015年4月28日，在新中国邮票之父、中国首套月季邮票设计者孙传哲诞生100周年暨《月季花》邮票发行31周年之际，月季集邮研究会成立，成立大会由中国邮政集团公司南阳市分公司、南阳市集邮协会、南阳市林业局共同举办，中国花卉协会月季分会、河南省花卉协会、河南省集邮协会领导、著名作家二月河以及月季、集邮等专家和爱好者100多人参加大会。中国花卉协会月季分会会长张佐双、著名作家二月河、中华全国集邮联合会副会长王新中、河南省花卉协会会长何东成等担任名誉会长，月季专家、集邮家担任顾问，中国花卉协会月季分会副会长兼秘书长赵世伟任会长，各省市自治区花协、集邮组织以及月季、集邮、文化等单位和专家学者任理事。同年6月，在法国里昂召开的第十七届世界月季大会上，赵世伟当选为世界月季联合会副主席。

2016年4月，在第17届中华全国集邮展览上，国际著名邮票设计、雕刻大师马丁·莫克被聘为月季集邮研究会顾问。2016年5月，在北京世界月季洲际大会期间，

2015年4月《月季集邮研究会》在南阳成立并举办首届月季集邮文化论坛

月季集邮研究会召开一届二次理事会，聘请世界月季联合会主席凯文·特里姆普、前主席海格·布里切特、杰拉德·梅兰为高级顾问，聘请和平月季家族第五代传人阿兰·梅昂、法国梅昂月季育种公司董事长马提亚斯·梅昂为顾问。

月季集邮研究会的宗旨是：方寸邮世界，月季传文明。理念是：秉承中国的月季，世界的月季文化内涵，不断发展以古老月季与现代月季融合的现代文明。目标是：方寸享月季文明，处处建月季家园，人人收藏、栽种月季；打造人类月季生态文化，共建月季文明世界。通过月季集邮的形式，推动月季文化的社会化和大众化普及，提升和推动月季产业的文化研究，传承和弘扬人类优秀文化，为更多的人提供月季文化、收藏、交流、研究、娱乐的平台，增进不同国家、地区人民的友谊。让以月季为标志的古老文明，绽放出灿烂夺目的时代光辉，为世界文明进步作出贡献。

在人类文明进程中，月季和邮票都具有里程碑的作用。美丽月季，方寸邮花，并蒂绽放，催开了世界文明之花。在社会日益昌盛，现代文明、文化日益彰显的背景下，以月季为主体的花卉文明，成为现代文明的标志和主体，目前中国已有包括北京、天津、郑州、南阳等80多个城市，将月季作为市花，建成了一批世界月季名园，月季也是英国、美国等国的国花。

月季和邮票有着深厚的文化渊源，从远古到现代的历史发展中，月季演化到现代月季过程中的相关人物、事物等几乎都有邮票发行，从1840年世界第一套邮票黑便士在英国问世的同时，就伴生了以盖销邮票的蔷薇变形邮戳，目前世界各国发行了数以万计的月季邮票，形成了一个非常庞大的方寸月季家族，成为美丽灿烂的邮票月季园。"我设计'月季'是让人民群众知道我国现在的月季品种只有600多种，而西德已有2000多种，我们是发源地，所以要赶超上去，喜欢我设计的'月季'大家就动手种几盆，更希望全国园艺专家多多培育出新的月季品种，为国家争光。"这是中国邮票之父、中国首套月季邮票设计家孙传哲1984年在月季邮票首发时，发出的感慨和召唤。以邮票为载体，将集邮和月季的文化优势相融合，形成人人藏、家家种，推动现代月季育种普及发展，实现"花卉王国"的美好梦想。

2015年6月，中国花卉协会月季分会、月季集邮研究会向中国邮政提交建议，在北京世界月季洲际大会举办之际，发行孙传哲生前设计月季图稿邮票的建议，被采纳并正式以孙传哲生前设计的月季邮票图稿第二组'月月红'为邮资图，发行了"2016北京世界月季洲际大会纪念邮资明信片"。2016年4月，月季集邮研究会在北京植物园会议室召开2016世界月季洲际大会月季集邮文化活动筹备工作会，月季集邮研究会名誉会长张佐双、会长赵世伟、常务副会长兼秘书长张占基及部分常务理事和理事参加会议。会后，张佐双、张占基等前往世界月季洲际大会举办地北京市大兴区魏善庄镇，与大兴区月季办商讨月季集邮活动及展览安排事宜，大兴区月季办副主任王雨及相关人员参加活动。

2016年北京世界月季洲际大会期间，月季集邮研究会举办了月季邮票、孙传哲月季邮票设计图稿及青少年月季邮票绘画图稿比赛获奖作品展，举办了月季集邮文化论坛、2016北京世界月季洲际大会《月季集邮文化专刊》、2016世界月季洲际大会纪念邮资明信片发行活动。张占基与世界月季联合会执行主席德里克·劳伦斯和世界月季联合会司库戴安·沃姆·伯格共同参观月季邮票主题展览。在活动现场，法国梅昂月季育种公司阿兰·梅昂，双膝跪在地上连续为集邮和月季爱好者签名留念，表达了他对月季文化的忠诚。英国皇家月季协会会长查尔斯回国后给月季集邮研究会来信说，是月季邮票和美丽的月季明信片，使他对北京乃至中国留下非常美好难忘的印象！参加大会的美国月季协会主席也对成立美国月季集邮协会表示极大兴趣。

2016年春节，月季集邮研究会在贵阳市为中华全国集邮联名誉会士、百岁集邮家郭润康先生贺寿，并与贵州省集邮协会、贵阳市集邮协会、贵阳市郭润康集邮研究会、贵阳老年集邮联谊会等举行联谊活动。向郭润康先生赠送100枚拜年祝寿纪念

2016年4月张佐双、张占基等
与大兴区月季办王雨主任等
商议月季集邮活动安排事宜

封，并送去月季主题祝寿鲜花。2016年9月16日，月季集邮研究会公众号正式上线运行。得到集邮、花卉、文化媒体等专家和爱好者的热情支持、积极参与，截至2019年1月，月季集邮研究会公众号已发布238期。

2016年9月，月季集邮研究会在河南省南阳市建业森林半岛假日酒店举行《花中皇后 南阳月季》系列邮票邮品展览，为南阳申办2019世界月季洲际大会助力加油，月季集邮研究会向世界月季联合会主席、月季集邮研究会高级顾问凯文·特里姆普，前主席、月季集邮研究会高级顾问海格·布里切特女士赠送月季邮票纪念封和《花中皇后 南阳月季》系列邮票图稿。他们分别为邮票图稿题词。海格的题词是：让月季插上邮票的翅膀，飞向世界；凯文的题词是：月季让南阳更美丽！当年，月季集邮研究会通过联合国邮政亚洲局，向联合国邮政提交了发行和平主题月季邮票的方案建议，得到联合国的一致认可，被列入2018年联合国邮票发行提案。

2017年，月季集邮研究会在南阳举办2019世界月季洲际大会倒计时一周年暨月季集邮研究会成立三周年活动，现场发行和启用纪念邮戳，月季集邮研究会高级顾问凯文·特里姆普、海格·布里切特分别为纪念封签字留念。

2018年，月季集邮研究会向世界月季联合会时任主席、月季集邮研究会高级顾问凯文·特里姆普发去信件，希望他在适当时机以世界月季联合会的名义向各成员国宣传推广月季集邮。仅仅几天时间就收到他的回复："月季邮票是非常有趣的和美丽的。我们将在11月乌拉圭举行的世界月季联合会执委会上提出这个问题，并将您的想法告诉对月季邮票感兴趣的人，并在世界月季联合会世界新闻上发布这一消息，希望世界各地具有相同兴趣的人一起参与。"

2019年南阳世界月季洲际大会期间，将举办2019世界月季洲际大会月季博物画展（首届），组织编写出版发行《月季文化》，构建月季集邮品牌，打造文化内涵底座。4年来，月季集邮研究会在中国花卉协会月季分会、中华全国集邮联合会的关心支持

北京2016世界月季洲际大会"月季邮票及月季邮票绘画图稿作品展"

左为世界月季联合会执行主席德里克·劳伦斯、中为月季集邮研究会常务副会长张占基、右为世界月季联合会司库戴安·沃姆·伯格

2016年9月在南阳建业森林半岛假日酒店张占基与凯文·特里姆普、海格·布里切特

下，以邮票为载体，以集邮为平台，以活动为推手、以普及为动力、以传承为目的，宣传月季文化知识，积极开展月季集邮活动，极大地弘扬月季文化。月季集邮研究会今后的重要任务，就是要通过月季集邮的研究，开启月季文化研究新境界，让月季文化在应用中得到广泛地普及和传承，成为一个知名的文化板块和文化品牌，走向全国，走向世界。

方寸月季园　盛开月季花

世界月季洲际大会在南阳隆重举办之际，我们也迎来了月季集邮研究会成立4周年。这个以"花中皇后"命名的集邮组织，受到月季界、集邮界、文化界，以及社会各界的普遍关注和积极参与。

种植和产业没有文化的引领，就没有内涵，也就失去发展的活力，很难赢得高水平的发展。中国现代月季落后于欧洲等国家，就是因为在古老月季向现代月季演化过程中，我们没有通过文化去从事科学的育种，失去了发展机遇，现在我们的育种水平，虽然有了突破，取得了令人鼓舞的成绩，新品种频出，但与发达国家还有很大差距。

通过集邮这个人人喜欢，人人能爱的大众文化活动，激发人们爱月季、种月季的兴趣，是推动月季育种文化、不断提升花品的极好载体。只有缩小我们与发达国家的差距，才能加快月季产业的快速发展。

欢迎世界各地的朋友，参与月季集邮，携手月季文化之旅。

（月季集邮研究会名誉会长张佐双）

月季见证印刷科技

　　不同选题、样式各异的纪念张，美轮美奂、赏心悦目，更有平面设计印刷工艺欣赏研究的参考价值。

　　在集邮圈里，纪念张被视为不入法眼的"灰姑娘"。但有一枚水墨印制的纪念张试印样不同凡响，说她是见证者、分水岭并不为过。

　　何来这么高的评价呢？这得从神秘的邮票摇篮说起。

　　提到印制钞票的地方，人们无不感叹这是绝对神秘的王国，一个守卫森严的空间，经过严格政审才能进去的地方。现代化全自动印钞机"吃进去是纸，吐出来是钱"，令人产生魔幻般的不可思议。

　　邮票亦有价票券。专业印制邮票的地方，同样让人感到神秘兮兮，无数集邮迷梦想亲眼看看邮票是怎样印制出来的，但神秘的空间被保密措施紧紧包裹，只有少数人才能近前窥探那精彩瞬间。

　　这就是邮票诞生的地方：北京邮票厂最核心、全封闭的凹印大厅车间。这里全靠空调通风设备系统调节温湿度，没有四季温差。在20世纪50~60年代，这环境简直好比人间天堂。在这样一个神圣而又舒适的空间工作，好不让人羡慕、自豪！

　　不仅如此，在这里工作还能享受到额外补贴。在那个国家暂时困难时期，工资收入普遍较低，每月有补贴非常具有吸引力。

月季水墨印样

需要交代清楚，这里按月发放的补贴，不是什么岗位级别或是工作重要性的补加，而是遵照国家颁布的劳动保护法条例，对"有害工种"给予的营养保健津贴。

印制邮票怎么会是"有害工种"，"害"从何而来？

这与印制邮票的油墨稀释材料有关，影写凹版的油墨与其他版别印刷使用的胶状油墨不同，是用甲苯溶剂稀释调配成的液体油墨，有害气体即是从苯有机化合物挥发出来的。

有鉴于此，北京邮票厂从1959年9月25日正式开工投产之日起，就采取了一系列有效的预防措施，车间安装有通风自动化装置，由设备科专门负责管理，每天上午10点、下午4点钟抄表记录，温度保持在25℃、相对湿度控制在55%～65%之间，同时有专门仪器检测空气中的苯含量，严格控制在安全系数允许的范围内。

尽管采取了一系列预防保护措施，但对于长期工作在这个封闭环境里的人，苯气的微量侵害仍是无法完全避免的。仅开工5年内，就体检发现多名职工患有职业病，轻者白细胞减少，重者出现再生障碍性贫血，不得不长期住院治疗，另有多名对苯气过敏者调离工作岗位。

这给安全生产敲响了警钟。厂里改进设备，加大通风换气量，此后一直保持安全生产的稳定态势。

有句俗话叫"好了伤疤忘了疼"。时间一长，有人淡忘了苯污染潜在的危害。一次疏忽大意险些酿成人命关天的大祸。

那是"文革"期间，加班加点突击赶印邮票成为常态。一天晚上11点半下夜班时候，设备科值班员打来电话问："到下班时间了，关不关通风？"领机应答说"关吧，我们也该下班了。"可是片刻之后，领机又变了主意，决定延长到12点再下班，想加把劲多印些邮票，早日完成任务。

这不经意的一变，可怕的事情发生了。

停止通风仅仅10多分钟后，整个凹印大厅里弥漫着浓浓的苯怪味，熏得呛人，两眼流泪，包括领机在内的5名值机个个头重脚轻，头晕目眩想呕吐，脸色煞白，明显出现了苯中毒初状。领机赶紧关停印机，迅速撤离，避免了一场严重的人身安全事故。

改革开放后，在上级部门和领导的关心支持下，邮票厂与科研部门联合攻关，研制可替代甲苯的无副作用的水性辅料溶剂。1981年首次从日本引进一种水性油墨，试用在T55《西双版纳风光》特种邮票上，全套6枚，色彩绚丽，表现出原画色调复杂、油画颜料堆厚的视觉效果，获得超出想象的成功。

与此同时，北京邮票厂经过多年联合攻关研制的影写凹版水性油墨取得突破，迎来了试样的好日子。

1988年阳光灿烂的一天，对邮票厂来说这是期盼已久的特殊日子，科研技术人员会聚一堂、精神振奋，提前做好了一切试样前的准备工作。

试印样为纪念张（小型张样式），图案为孙传哲设计月季花邮票的第二稿中的一枚娇贵的品种（T93《月季花》特种邮票，采用的是孙传哲设计的第三稿）。片刻，随着印机欢快的节奏，一张张"月季花"纪念张喷涌而出。经对样品检验：色相对比、明度对比、彩度对比、色彩配合反应效果等各项基本达到技术要求，试印比预想的要顺利得多，获得圆满成功。

《月季花》特种邮票与月季花纪念张出自同一设计者、同类型四色影写凹版印刷机。名称与面容像一对身姿婀娜的美丽姐妹花，争奇斗艳，别寓一番诗情画意。

T93《月季花》特种邮票为国家名片，具有使用、欣赏、收藏价值。月季花纪念张则独具特殊的见证意义。

她是我国邮票印制从有害工种到正常工种的分水岭，从此永远地告别了苯污染，标志着我国影写凹版邮票印刷进入使用国产水墨的新阶段。

1993年9月25日，值北京邮票厂34周年厂庆之际，这一不同寻常的影写版水性油墨研制试样作为厂庆纪念册中的一员，展现出科技进步与邮票印制的发展历程，赠与出席厂庆纪念活动的领导、嘉宾和为厂建做出贡献的老同志。

水墨月季花纪念张，让我们想起了北京邮票厂的过往，看到了飞速发展的进程，昭示着更加辉煌的未来。

（戈中博）

伴月季同绽　随彩蝶共舞

一朵雍容的红花在下，一朵美艳的黄花在上，三只彩蝶翩然而至。

两朵月季花在小小纪念封上绽放着，不觉已是27载春秋。

1992年7月1日，《中国集邮报》正式创刊。中国集邮总公司当天发行一枚编号为PFN－49的《中国集邮报》创刊纪念封。

纪念封上贴有一枚当年发行的面值20分《壬申年》生肖猴票。销票纪念邮戳的中心为一个书法"贺"字，上方为"《中国集邮报》创刊纪念"字样，下方"1992－7－1北京"字样。

封的主图便是那两朵月季花和三只彩蝶。著名邮品设计师刘敦、张实勇为纪念封、纪念邮戳的设计者。

张实勇先生1995年改名为张石奇，曾经设计过《新中国治淮60周年》纪念邮票，退休后醉心书法艺术，主攻大篆，自成风范，被誉为"翰墨奇才"。

27年过去了，张石奇先生依然清晰地记着当年设计这枚纪念封的构思："《中国集

贴有"壬申年"生肖邮票，印有
"贺"字纪念戳的创刊纪念封

邮报》在北京创刊，月季花是北京市的市花，我很自然地想到用月季花来表达祝福。我希望《中国集邮报》像月季花一样，四季长春。有了好花，才能将蝴蝶引来，相信《中国集邮报》会越办越好，读者群越来越壮大。"

　　承载着设计者美好祝福的纪念封，被寄至四面八方。一红一黄两朵月季花，绽放在五湖四海的各个角落，绽放在无数人的心中，也陪伴《中国集邮报》一同栉风沐雨，迎送着寒来暑往、春华秋实。

　　纪念封背面印有如下介绍文字：

　　"经国家新闻出版署批准，中华全国集邮联合会主办的《中国集邮报》于1992年7月1日在北京创刊。

　　《中国集邮报》宣传党和国家关于集邮文化事业的方针政策，传播集邮信息，交流集邮经验，介绍集邮知识，为社会主义两个文明建设服务。这是以广大集邮爱好者为读者对象、公开发行的集邮报纸。为此，中国集邮总公司于1992年7月1日特发行纪念封一枚。"

　　这段文字记录下《中国集邮报》的诞生，记录下《中国集邮报》创办的初心。

　　见证了集邮事业的辉煌、记录下集邮市场的起起落落、书写着从集邮大国向集邮强国迈进的步伐。《中国集邮报》确像那两朵月季花，不争春之艳、不夺夏之盛、不比浮花浪蕊，"能斗霜前菊，还迎雪里梅"，旺盛绽放、静送花香、引来彩蝶共舞。

今日重新品味这枚小小的纪念封，重新品味创办报纸的初心，重新品味用笔墨书写下的一段段难忘的时光，感触良多。

一红一黄两朵月季花的花语耐人寻味、给人以启迪：红色月季花表示纯洁的爱、勇气；橙黄色月季花表示富有青春气息、美丽，并有快乐、喜悦的寓意。

在通信技术飞速发展的当下，传统书信已经远离了人们的生活，邮票已经淡出人们的视野，集邮这个爱好似乎已经一天天变得衰老。随着数字信息技术和网络技术的广泛应用，新媒体异军突起，传统的报纸行业受到强烈挑战，必须应对生存与发展的严峻课题。

《中国集邮报》是服务于广大集邮群体的传统纸质媒体，诸位报人每天也在苦苦思考着如何破局。

纪念封上一红一黄两朵月季花送来花香，也送来一种唤起的力量。看那月季花，经得起风雨，抗得住寒冷，耐得了寂寞，"四时常吐芳姿媚""无怀天地宽，开落任往复"。应当似那红花，坚守一份初心、一份定力、一份勇气，向广大读者、广大集邮爱好者献出纯洁的爱心；应当似那黄花，释放出青春般的美丽气息，带来快乐，呈上喜悦。

一红一黄两朵月季花继续绽放着，"才人相见都相赏，天下风流是此花"。《中国集邮报》同样继续绽放着，继续与翩飞的彩蝶——广大的读者们共舞，快乐集邮、快乐办报、快乐前行。

（蔡旸）

国花与中国十大名花邮票

花卉是大自然慷慨的馈赠

人类的情感和表达的方式丰富多彩，其中鲜花和掌声是两种最普通、最特殊的方式。掌声是人类自身的肢体语言，鲜花则是来自大自然的原生态语言。

花卉是人类感情的橱窗。花卉语言最能表达人的思想感情，在人际交往中扮演着非常重要而特殊的角色。在现实生活中，凡是美好的事物几乎都离不开花。

维护和平，创造和谐世界，是人类社会长期面临的重大问题。为了表达热爱和平、热爱幸福生活的美好愿望，许多国家发行的庆祝新年、青年节、劳动节、圣诞节、国庆节邮票，不约而同地选择花卉作为图案。

从古至今，人类与花卉一直保持着特殊的感情。人类的爱花之心是相通的，无论是迎接国宾、贵宾，还是各种庆典、大型会议、博览会、运动会、联欢会的活动场所，都会用大量的鲜花营造欢乐的气氛。

对人类而言，花卉是大自然慷慨的馈赠。花卉在人类文明进程中扮演着十分重要的角色。无论是自然界的花卉实物，还是经过艺术加工的花卉作品，每个人在一生中都会接触到各式各样的花卉形象。

道不尽花前月下，天人合一，花中仙境，人卉奇缘。

国花的形成

国花，是民众寄兴求趣的倾心之选。国花是一种精神价值，是一种集体性格，是一种感性标志，从而使国人精神灿烂，固守天真。

国花可以表达人民的情感，寄托民族的理想，象征民族的特性。按理说国花的命名是关系重大的事，但在实际命名中却很不规范，千差万别。有些国家的国花由人民评选、政府确定，有些国家的国花是民间公认的。

绝大多数国家都选择一种花卉作为自己的国花，但也有的国家选择二三种花卉作为国花。例如，印度有三种国花：荷花、罂粟、玫瑰；瑞典据说有四种花卉都是国花。这些情况是因为该国政府没有明确命名过国花，民众根据各自喜好，众说不一。

有不少国家不约而同地选择了同一种花卉作为自己的国花。这种现象说明，具有相类似的地理环境、文化背景、民族性格的国家，往往生活嗜好和审美情趣亦有相通之处。例如，几个国家选择同一种国花的有：

茉莉花——菲律宾、印度尼西亚

扶桑——马来西亚、韩国、斐济

杜鹃花——尼泊尔、朝鲜（金达莱）

郁金香——荷兰、匈牙利、土耳其

石榴花——西班牙、利比亚

石竹花——捷克、摩纳哥

葵花——前苏联、秘鲁（太阳花）、玻利维亚

铃兰——芬兰、瑞典、前南斯拉夫

火绒草——瑞士、奥地利

兰花是世界上分布最广泛的花卉，共有15000多个品种，其中姿色动人，气味芬芳的有1500多种。喜爱兰花的民族自然很多，哥斯达黎加、洪都拉斯、哥伦比亚、巴西、巴拿马、危地马拉、委内瑞拉、新加坡、斯里兰卡、肯尼亚、塞舌尔等国，都将某一品种的兰花作为自己的国花。从广义而言，兰花是被选作国花最多的花卉。

文明古国埃及、印度、泰国、斯里兰卡、孟加拉国等均以莲花为国花。佛教中的荷花与不同属的睡莲混在一起，所以说埃及、印度、泰国的国花是睡莲也是可以的。

睡莲和荷花的最大区别是，荷花的花和叶都高，伸出水面。

印度荷花主要有7种，故有"七宝莲花"之称。印度是佛教的发源地，在印度，荷花与佛教有着密切的联系。莲花代表美，代表光明，代表神异，一切美好理想的东西都可以用莲花表示。无论画佛、塑佛身，都以莲花为台座。例如，仙童哪吒假身莲花，观世音菩萨立于莲座之上。

中国十大名花与邮票

中国被誉为世界的"花园之母"，在一座花园里如果没有中国的花卉，就不称其为花园。中国盛产名花，对花的研究品评历史悠久。中国人不仅种花赏花，培育出许多名花奇卉，而且善于形神对应，诠释花与人的感情和文化内涵。

长期以来，国内对中国十大名花众说纷纭，各执己见。海内外园林界人士、花卉爱好者对中国传统名花的确定非常关注。为此，1986年上海园林学会、《园林》杂志编辑部、上海电视台"生活之友"、上海文化出版社共同发起举办中国十大名花评选活动。

从1986年11月20日开始到1987年4月5日截止，中国十大名花评选活动圆满结束，评出中国十大传统名花如下：

① 梅花（花魁）；② 牡丹（花中之王、国色天香）；③ 菊花（高风亮节）；④ 兰花（花中君子）；⑤ 月季（花中皇后）；⑥ 杜鹃（花中西施）；⑦ 山茶（花中珍品）；⑧ 荷花（水中芙蓉）；⑨ 桂花（秋风送爽）；⑩ 水仙（凌波仙子）。

中国十大传统名花是中国花卉的杰出代表，它们的共同特点是都产于中国，栽培历史悠久，有很高的观赏价值，与中国的文化艺术有着密切的联系，但在色、香、姿、韵方面又各具特色。

综观新中国邮票65年的选题，可以概括为三大领域，即：民族文化题材、自然资源题材、现代历史题材。花卉属于自然资源题材。

从1960-1995年，中国十大名花陆续在新中国邮票上一展风姿：

1960年12月10日发行《菊花》邮票，全套18枚。

1964年8月5日发行《牡丹》邮票，全套15枚，小型张1枚，图案为'状元红''大金粉'（2元）。

1979年11月10日发行《云南山茶花》邮票，全套10枚，小型张1枚，图案为'宝珠茶'等（2元）。

1980年8月4日发行《荷花》邮票，全套4枚，小型张1枚，图案为新荷凌波（1元）。

1984年4月20日发行《月季花》邮票，全套6枚，图案为上海之春（4分）、浦江朝霞（8分）、'珍珠'、（8分）'黑旋风'、（10分）'战地黄花'、（20分）'青风'、（70分）。

1985年4月5日发行《梅花》邮票，全套6枚，小型张1枚，图案为'台阁''凝馨'（2元）。

1988年12月25日发行《中国兰花》邮票，全套4枚，小型张1枚，图案为'红莲瓣'（2元）。

1990年2月10日发行《水仙花》邮票，全套4枚。

1991年6月25日发行《杜鹃花》邮票，全套8枚，小型张1枚，图案为'黄杯杜鹃'（2元）。

1995年4月14日发行《桂花》邮票，全套4枚，小全张1枚。

这10套邮票发行的先后顺序是：菊花、牡丹、山茶、荷花、月季、梅花、兰花、水仙、杜鹃、桂花，其中山茶位居第三，梅花屈居第五，不合情理，月季稳居第五，耐人寻味。

中国花卉邮票的特色

在全国最佳邮票评选活动中，先后有8套花卉邮票被评为最佳邮票：《菊花》、《牡丹》、普10《花卉》、《云南山茶花》1980年被评为新中国30年最佳邮票。《梅花》《珍稀濒危木兰科植物》《中国兰花》《杜鹃花》分别被评为1985年、1986年、1988年、1991年度最佳邮票。

中国发行的花卉邮票能够受到广泛欢迎，反映出邮票的选题、设计、印刷成绩显著。许多邮票设计耕耘者在长期的实践中积累了宝贵的经验，摸索出具有鲜明民族艺术特色的花卉邮票设计规律。中国花卉邮票设计，绝非仅仅追求科学标本的形似，而是根据中国的文化传统，描绘出几千年来赋予花卉的外在自然美与内在神韵，使之寓意含情。在传播科学知识的同时，给人以美的享受，给人以鼓舞力量和高尚情操的熏陶。

20世纪60年代，新中国花卉邮票设计有两套堪称经典之作，一套是特44《菊花》，一套是特61《牡丹》，均达到了形神俱佳的意境，为中国名花系列邮票带了个好头。欲写国色天香，须请丹青高手。这两套佳作均出自名家手笔。

中国植物邮票的绘画技法多采用水彩画、水粉画、工笔画，最受群众喜爱的植物邮票多出自工笔画。在中国绘画史上，工笔重彩历史悠久、风格鲜明，具有强烈的民族特色。把现代的邮票与祖国古老的绘画传统结合起来，可以充分体现中国特有的邮票艺术风格。

"中国十大名花"系列邮票的发行，受到广泛的关注和好评。虽然缺乏事先统一整体规划，未强调一致性，但这些邮票在设计中都贯穿着一个宗旨，即：坚持民族艺术风格，继承传统绘画技法，同时追求多种变化，力求新的突破，从而形成中国花卉邮票百花齐放、各有千秋的艺术风格。

中国的植物邮票要有中国味就离不开民族艺术的风格。T–129《中国兰花》邮票的设计，没有沿袭花卉邮票的旧格局，而是大胆创新，被誉为最具有中国花卉文化韵味的佳作。

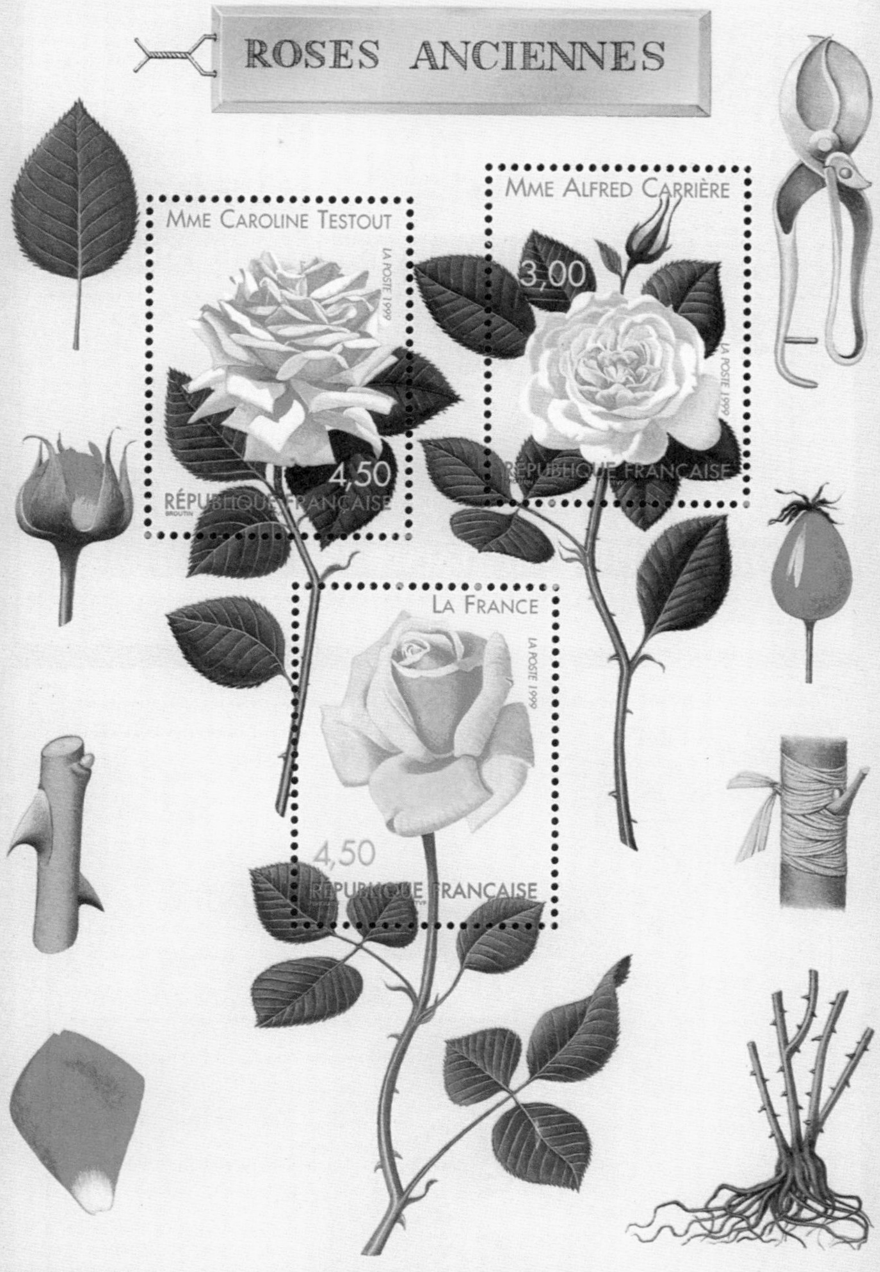

ROSES ANCIENNES

Mme CAROLINE TESTOUT
LA POSTE 1999
4,50
RÉPUBLIQUE FRANÇAISE
BROUTIN

Mme ALFRED CARRIÈRE
3,00
LA POSTE 1999
RÉPUBLIQUE FRANÇAISE

LA FRANCE
LA POSTE 1999
4,50
RÉPUBLIQUE FRANÇAISE

设计者龚文桢借鉴中国绘画艺术的传统章法，融诗、书、画艺术于方寸之间。讲究意境的诗意美，追求笔墨的书法味从而体现诗书画组合的形式美。邮票上选配了历代名人的咏兰佳句，反映了5种兰花的栽培历史，揭示了中国兰花所具有的文化品位。这些诗句由当代书法家沈鹏题写，使邮票上诗书画相映成趣。整套邮票以其淡雅清丽的风格，把空谷幽兰的艺术韵味充分展现。

中国发行的各类花卉邮票中，共有9枚小型张、小全张，与其他系列邮票相比，所占比例是比较高的，这无疑增加了花卉邮票的表现力，提高了观赏与收藏价值。这些小型（全）张的规格也丰富多彩，几乎没有相同的，设计者追求变化的匠心由此可见一斑。

为了提升新中国邮票的整体水平，在邮票选题与设计中必须注意提倡民族化和坚持群众性。要运用中华民族独特的艺术形式和艺术手法来反映祖国的自然面貌和历史面貌，使新中国邮票显示十足的中国气派，中国风格。集邮是群众性最强的一项文化活动，因此，邮票题材需要征求各界的意见，倾听集邮者的呼声。

花卉与人类社会生活的关系非常紧密，可谓"天下谁人不识君"，爱花之心人皆有之。花卉邮票的百花园里永远是春天。

让月季成为中国的国花

中国许多城市举办过由市民推选市花的活动，根据广大市民的意愿确定的市花成为代表一座城市精神风貌与地域特色的标志。但说起什么是中国的国花，却令人难以回答，因为从古至今一直没有正规确定过中国的国花。

许多人主张以牡丹和梅花作为国花，是有一定历史文化依据的。牡丹和梅花都是中国的特产名花，分别被誉为"花中之王""国色天香"和"花魁"。这两种花都曾被民间或政府视为国花。据记载，中国清代末年开始有国花，那时定的国花就是牡丹。梅花坚忍不拔，傲雪而开，是坚贞、高洁、勇敢精神的象征。中国人自古爱梅，对梅花有特殊的感情。辛亥革命后曾将梅花定为国花。

令人遗憾的是时至今日，新中国的国花仍然众说纷纭，这与中国的国际地位极不相称，与中华文明古国形象极不相称，更与人民大众精神文明的追求极不相称。为此，很有必要在全国推动开展一项推举国花、评选国花的群众文化活动，通过民间讨论和评选，最终提出正式议案，让月季成为中国的国花，报送全国人大审议批准后，由国家正式对外发布命名为中国国花。

与中国十大名花的其他花种相比，月季成为中国国花具有明显的优势：

1. 产自中国，栽培历史悠久，是举世公认的中国名花品牌。

2. 中国人喜闻乐见，富有感情，与中国的文化艺术有着密切的联系，文化渊源深厚。

3. 花型帅气，花色丰富，花姿时尚，品种繁多，有很高的观赏价值。

4. 对世界名花发展，特别是月季、玫瑰名品的繁荣产生深远影响，是中国花卉作为母本走向世界的经典代表。

5. 分布广，花期长，全国各地都能栽培，观赏期达半年以上，具有很好的园林景观、道路景观美化效果。

6. 可食用、药用、提取香精，制作盆花、切花等，用途广泛，经济价值高。

让月季成为中国的国花是一项宏伟的目标，南阳作为月季花栽培胜地，有资格、有条件、有义务成为这项活动的发起者。通过发动花卉界专家学者、海内外园林界人士、以月季花为市花的城市、花卉爱好者、喜爱养花赏花的各界人士，广泛参与、联合行动、不断研讨、不断宣传、不断扩大社会影响，逐步引起社会广泛关注，就能够形成社会共识，早日实现这个美好目标。

开展这项群众性评选国花文化活动有益于倡导热爱大自然，保护生态环境，美化日常生活，营造和谐社会。这是一项花卉知识的普及活动，一项增强民族自豪感和文化凝聚力的宣传活动，一项推动社会主义精神文明建设的文化盛举。

发行第二套月季花邮票，让月季成为中国的国花。

共襄盛举，花香中华！

（李毅民）

月季集邮研究会会刊

月季集邮研究会会刊，由南阳市集邮协会主管，中国花卉协会月季分会和月季集邮研究会共同主办，月季集邮研究会常务副会长兼秘书长张占基担任主编，编辑由月季、集邮及文化专家组成。主要刊登月季活动信息及月季、其他花卉和植物以及园

世界月季联合会前主席凯文·特里姆普、海格·布里切特、杰拉德·梅兰为《月季集邮研究会会刊》签名留念

月季集邮研究会会刊1-5

林等方面的文化艺术内容。月季集邮研究会会刊创刊于2015年，创刊号即第一期刊名为《月季集邮研究会专刊》没有期号，主要刊登月季集邮研究会成立盛况、月季集邮研究会成员名单、首届月季集邮文化论坛等。月季集邮研究会会刊，2015年出版发行一期，2016年发行两期，并从2016年8月的第二期开始编号，刊名仍用《月季集邮研究会专刊》，《月季集邮研究会专刊2》刊登了中华全国集邮联合会会长杨利民为月季集邮研究会成立一周年的题词：方寸连世界，月季传文明。刊登了月季集邮研究会"2016年北京世界月季洲际大会月季集邮系列活动"盛况；11月出版的《月季集邮研究会专刊3》刊登了"南阳成功申办2019世界月季洲际大会"的消息，对"月季集邮研究会微信公众号"开通上线进行报道。2017年发行两期，《月季集邮研究会专刊4》头版报道了月季集邮研究会成立两周年暨《花中皇后 南阳月季》（第五组）邮票发行活动隆重举行的消息，报道了月季集邮研究会名誉会长二月河为20集大型公益环保电视片《畅游中国》第2集《南阳，中国月季之城》开机仪式揭幕的消息，报道了首都北京月季盛开的动人景象，报道了中央电视台"朗读者"节目中四川金堂鲜花山谷周小林和殷洁夫妇美丽动人的鲜花故事。12月出版的《月季集邮研究会专刊5》刊登了中华全国集邮联合会会长杨利民为月季集邮研究会赠送中华全国集邮联合会会士黎泽重题词的2016北京世界月季洲际大会纪念邮资明信片。报道了孙传哲邮票艺术文化研究会成立20周年活动，报道了妈祖邮票和妈祖花（即月季），整版刊登了当代博物科学画家泰斗、邮票设计家曾孝濂《云南花鸟》创作笔记深刻描述大自然的杰作"以生命为核心的价值理念的确立"。介绍了"手绘老人"吴秦昌从航空工程师到爱好集邮、学习手绘，老有所为、老有所乐的经历。刊登了月季集邮研究会会长赵世伟保护植物"让植物不再消失"的警示。

2018年，《月季集邮研究会专刊》出版3期，从第九期开始刊名改为《月季集邮研究会会刊》，每两月一期，全年发行6期，已连续发行11期。2018年9月世界月季联合会前主席、月季集邮研究会高级顾问、凯文·特里姆普、海格·布里切特、杰拉德·梅兰分别为《月季集邮研究会会刊》签名留念，月季集邮研究会向他们赠送《月季集邮研究会会刊》。2019年，《月季集邮研究会会刊》仍按每两月一期，全年6期出版发行。会刊坚持"开展月季集邮研究，打造月季文化品牌"的宗旨，突出了"文化"二字，做到了有创见、有新意、有构建、有内涵的文化底座。

月季集邮文化专刊

敲开集邮文化的一扇窗，走向月季世界的一扇门。《月季集邮文化专刊》是月季集邮研究会为世界级或国家级月季会展发行的文化会刊，由中国花卉协会月季分会、月季集邮研究会及会展承办地共同主办，月季集邮研究会常务副会长兼秘书长张占基主编，大16开，全彩印刷，面向参会的世界月季联合会各成员国发行，发行量1000～2000册。主要内容为月季邮票、月季邮品、月季藏品、月季书画，发行范围为参会嘉宾、作者及部分月季、集邮、文化爱好者。2016年发行了北京世界月季洲际大会《月季集邮文化专刊》、2019年将发行南阳世界月季洲际大会《月季集邮文化专刊》（与《月季文化》一书合并发行）。

首次发行走向世界。2016年5月17日，北京世界月季洲际大会期间，来自40多个国家的800多名代表和来自全国各地的2000多位参会者，在北京大兴区九峰月季大酒店见证了2016北京世界月季洲际大会《月季集邮文化专刊》的隆重首发。中华全国集邮联合会会长杨利民、著名作家全国人大代表二月河、百岁集邮寿星郭润康分别题词。世界月季联合会主席凯文·特里姆普、前主席海格·布里切特、杰拉德·梅兰，中国花卉协会月季分会会长张佐双、中国花卉协会月季分会常务副会长兼秘书长、世界月季联合会副主席、月季集邮研究会会长赵世伟、月季集邮研究会常务副会长兼秘书长张占基、和平月季家族第五代传人阿兰·梅昂、法国梅昂育种公司董事长马提亚斯·梅昂等参加发行仪式。月季集邮研究会向世界月季联合会及和平月季家族赠送《月季集邮文化》专刊。2016年北京世界月季洲际大会《月季集邮文化专刊》，被大会组委会作为此次大会指定纪念品，由大会组委会赠送各国代表，世界月季联合会和各国代表对中国集邮和月季文化高度评价，大加赞赏。

媒体联袂、名家打造。2016年北京世界月季洲际大会《月季集邮文化专刊》编委会由中国集邮报社、集邮博览杂志社、集邮杂志社、集邮报社、中国花卉协会月季分会、中国月季杂志等联合组成。中国邮票博物馆首任馆长、全国集邮联名誉会士孙少颖题写刊名，中华全国集邮联合会副会长王新中、会士李毅民、葛建亚、戈中博，中国残疾人集邮联谊会会长李少华，以及《中国集邮报》总编蔡旸、月季文化专家王世光、月季集邮研究会会员等，撰写了月季集邮文化方面的专题研究文章。

发行资料，首次披露。2016年北京世界月季洲际大会《月季集邮文化专刊》首次披露了鲜为人知的JP－217发行过程，完整刊登了中国邮票之父孙传哲次子孙诗卫提供的孙传哲生前设计的月季邮票图稿（包括中国邮政为2016年世界月季洲际大会发行的JP－217中选用的'月月红'邮票图稿），在中外集邮和园林史上首次刊登中国园林工程学之父余树勋的集邮论述，首次刊发了月季邮票图稿绘画比赛获奖作品，集中展示了邮票上的月季百科全书（中外近千枚月季邮票，包括系列发行的"中国月季之乡——南阳"《花中皇后 南阳月季》的700多枚个性化邮票）

2018年9月，世界月季联合会到南阳考察2019世界月季洲际大会筹备情况期间，世界月季联合会前主席、月季集邮研究会高级顾问凯文·特里姆普、海格·布里切特、杰拉德·梅兰，分别为《月季集邮文化专刊》题词。并为《月季集邮研究会会刊》签名留念，海格·布里切特仔细阅读《月季集邮研究会会刊》，月季集邮研究会向他们分别赠送《月季集邮文化专刊》封面设计印样。

2019世界月季洲际大会集邮文化专刊并入《月季文化》一书出版发行，由月季集邮研究会、2019年世界月季洲际大会筹备工作指挥部办公室、中国花卉协会月季分会、南阳市林业局、南阳市集邮协会共同组织编写，作为大会纪念品向参会嘉宾赠送。

左图 1984年4月20日，邮电部发行"T93月季花"邮票T（6-4）10分，黑旋风邮票极限片。（'黑旋风'是杭州花圃宗荣林1963年培育的品种，以墨红作母本，白克拉作父本，花朵墨红有绒光，无香味，花瓣多达90枚）
右图 1984年4月20日，邮电部发行"T93月季花"邮票（6-4）10分，T（6-6）70分 青凤邮票极限片。（'青凤'是上海周圣希在1982年育成，花朵呈青莲色，高心翘角，四季常开，由于色调阴冷素净，故用《聊斋志异》中的"青凤"名之。注：此枚是T93月季花中的总筋票）

上两图 1997年中国新西兰联合发行《花卉》邮票极限片

中图左 丹麦电报纸，上半部插图枝上的5朵月季花，使用过漏销戳，电报纸幅22.4cm×28.6cm

中图中 中国邮政2016年6月18日发行《中国古典文学名著—〈红楼梦〉（二）》特种邮票（4-2）T龄官画蔷邮票北京原地极限片

中图右 右起世界月季联合会主席凯文·特里姆普（左一）、专刊主编张占基（左二）、世界月季联合会前主席、现会议委员会主席海格·布里切特（左三）、月季集邮研究会理事王军（右一）共同交流《月季文化》

下图左 2016月季集邮文化专刊封面

下图右 中国花卉协会月季分会会长张佐双（左）、张占基（右）向和平月季家族第五代传人阿兰·梅昂（中）赠送《月季集邮文化专刊》

月季邮票——方寸百花园　月季争芳艳

邮票上的月季史

在数以万计的花卉邮票中，月季无疑是其中的佼佼者。它虽然不是数量上最多的，但可称得上是最芬芳迷人和最上镜的。它优美的身姿、姣好的花容、绚丽的色彩、宜人的芳香和连续开花的习性，集众花优点于一身，被誉为"花中皇后"；更成为不少国家的国花、州（省）花、市花；而遍布世界各地的蔷薇园、月季园，更是它们集中展示芳容的舞台。

拉丁文的*Rosa*及英文的*Rose*都是泛指蔷薇属植物，以译成"蔷薇"为宜，而一些英汉词典和翻译者错译成"玫瑰"。目前，东南亚一些国家以及我国香港、台湾及广东、广西等地，都将现代月季叫玫瑰，是不科学、不规范的。野蔷薇（*Rosa multiflora*）、玫瑰（*Rosa rugosa*）、月季（*Rosa chinensis*）是同属蔷薇科蔷薇属的三个不同的种，不能也不应当混为一谈。

世界各国发行的蔷薇邮票目前没有一个确切的统计数字，估计达到上千种。本文将笔者多年来收集的蔷薇邮票中的古代月季和现代月季品种进行介绍。由于部分邮票上没有品种相关文字，因此无法介绍，这也与邮票的发行目的有关。当然，依据惯例，凡动植物题材邮票，应当在邮票上标注该物（品）种的拉丁文学名，但依然有不标注的，可视为不够专业和规范，也因此查无出处，无所依据，因此不易鉴别。

介绍之前，有必要对月季有个概要了解。

月季泛指能连续开花的蔷薇属植物，中国古老品种'月月红'，自清代简称"月季"者，则为蔷薇属中的一个种，学名为中国蔷薇（*Rosa chinensis*）。

月季花是我国原产的栽培种，约有2000多年历史，又名"长春花""月月红""斗雪红""胜春"等，其最突出的特点是具有连续开花的习性和真正的红色。至16世纪的几百年间，月季花品种单调，只有红花重瓣，直至19世纪花色才渐多，品种也达百种以上。

1781年，荷兰东印度公司将中国粉红月季带回荷兰，种植在莱顿的植物园内，然后传到英国。之后，中国月季通过多种渠道来到欧洲。1789年，我国月季花（'月月红''月月粉'）首传英国，1809年彩晕香水月季、1824年黄香水月季先后传入英国，为后来的现代月季带来香气，取得历史性突破。

　　1867年，随着现代月季新系统——杂种茶香月季新品种'法兰西'的诞生，古代月季与现代月季的分水岭就此产生：1867年之前的种群统称为古代月季，简称"月季花"；1867年之后培育出来的庞大种群称为现代月季，简称"月季"。这一区分原则已经得到包括中国花卉协会月季分会在内的世界各国协会的认可。

　　如今，经过人类几百年的繁殖培育，全球现代月季已形成相当大的种群，品种已超过3万种，呈现出多种颜色、多种花型，丰富多彩、艳丽芬芳的花卉品种，无论在城市绿化、节庆装饰、亲朋送礼以及鲜花生产、出口创汇等方面，都有突出表现和贡献，可以说无处不在，息息相关。也因此，月季出现在邮票上就是理所当然的了。

　　首先就来认识现代月季的鼻祖——"法兰西（La France）"，法国1999年为"1999年里昂世界古代月季大赛（World Old Rose Competition）大赛暨种植研讨会"发行一套3枚邮票的小全张。其中1枚面值4.5法郎的即'法兰西'，又名'天地开'，为古代月季之延续及杂种茶香月季品种之首，花大、形美、芳香，是粉色系列的佼佼者；面值4.5法郎的为'卡罗莉娜·泰斯图夫人（Mme Caroline Testout）'；面值3法郎的为'阿尔弗雷德·卡利埃夫人（Mme Alfred Carreere）'。小全张邮票位置得当，色彩亮丽，展示充分，印制精美；边纸图案则反映了种植研讨会主题，堪称蔷薇邮票的精品。

　　谈及相关会议，应当提及世界月季协会联合会（WFRS）和世界月季大会（World Rose Convention）。1968年在英国伦敦成立的世界月季协会联合会（WFRS），目前已拥有40多个成员国（中国为其成员国）和近20万爱好者。

　　1971年，第一届世界月季大会（World Rose Convention）首次在南半球的新西兰召开。为此，新西兰邮政于11月3日特发行一套3枚邮票予以纪念，并发行首日封，邮票展示了3种世界著名现代月季品种，分别为：2c'蒂法尼（Tiffany）'，又名'丝纱罗'；5c'和平（Peace）'，作为杂种茶香月季品种中的最优秀者，1946年荣获英国皇家月季协会（British Royal Rose Society）优选奖，1947年荣获全美月季优选奖，1975年被评为世界最佳月季第一名；8c'克莱斯勒帝国（Chrysler Imperial）'，又名'火烧云'。第一届世界月季大会做出决定，世界月季大会每三年举办一次，由成员国轮流举办。截止2018年丹麦哥本哈根大会，已举办了18届。

　　1979年10月，第4届世界月季大会在南非的比勒陀利亚召开，为此南非邮政于10月4日特发行一套4枚邮票及小全张和邮资片以资纪念。但这4枚邮票分别展示的是当地的4个玫瑰品种，而非月季。我们只要细心观察其茎和叶，就会发现玫瑰的茎上布满刚毛，与月季显然不同；其叶的叶脉纹路很深且明显，也与月季不同；玫瑰的学名 *Rosa rugosa*，其中拉丁文*rugosa*即皱纹之意。而玫瑰与月季的另一重要区别就是，玫瑰每年开花一次，而月季只要温度许可，月月盛开（月月红）。这套邮票中，4c'加

左图 1979年10月4日南非为第4届世界月季大会发行的小全张
右图 1991年7月16日英国为第9届世界月季大会发行一套5枚邮票

里·普莱尔'；15c克里斯·巴纳德教授；20c'南方阳光'；25c'飞翼'；同期发行的纪念邮资片中，展示25c邮票'飞翼'一枚。

1991年，第9届世界月季大会暨种植研讨会在英国贝尔法斯特召开，作为世界月季协会联合会发起国，英国邮政于7月16日发行一套5枚邮票以资纪念，同时发行了首日封。5枚邮票展示的均为古代月季品种。顺序为：22p'银禧（Silver Jubilee）'，26p'阿尔弗雷德·卡利埃夫人（Mme Alfred Carreere）'；31p'莫耶西（Moyesii）'；33p聚会的'收获（Harvest Fayre）'；37p'易变（Mutabilis）'。

1997年，第11届世界月季大会暨种植研讨会在比利时召开，比利时为此发行纪念邮票一套3枚，面值均为17生丁；分别展示了3款古代月季品种，它们是：'大马士革蔷薇（R.damascena）'，又称'突厥蔷薇''大马士革玫瑰'，其半重瓣品种为世界著名的玫瑰油高产品种，在"玫瑰之国"保加利亚已栽培近300年，保加利亚因此成为玫瑰油产量世界第一，大马士革蔷薇也自然成为保加利亚国花，并多次登上该国方寸；'洋蔷薇（R.centifolia）'，又称'百叶蔷薇'，为最年轻的古代蔷薇，形成于15世纪末，为多个古蔷薇品种天然杂交而成，花为玫瑰红色、芳香；'硫黄色蔷薇（R.sulfurea）'，此品种资料暂缺。

邮票上的现代月季

1867年，随着杂种茶香月季新品种'法兰西'的诞生，现代月季至今已发展成拥有超过3万种的庞大家族，并还在生生不息，可见人们对它的钟爱程度。月季鲜切花的交易和进出口业务非常活跃，其经济价值凸显，是花卉市场的主力品种。同时，这些五彩缤纷的美丽使者，也成为城市美化、节庆典礼、走亲访友等活动的美好代表，在一年一度的维也纳新年音乐会台上台下的绚丽鲜花中，月季唱主角就是证明。以下我们通过各国发行的现代月季邮票邮品，一睹其娇美艳丽的风采。

1975年11月26日，位于南半球的新西兰发行了1套9枚的《现代月季名品》普票，展示了来自各国的9种现代月季。这是该国继1971年纪念首届世界月季大会发行了3枚现代月季之后，再次发行大套月季题材邮票。由于南半球虽未发现原产的野生蔷薇属植物，但由于蔷薇属植物的广泛适应性，它们在19世纪前后来到了南半球，并迅速发展，现已成为现代月季的繁盛产地。以下按邮票面值从低至高分别简介：

1c "银币Sterling Silver"，又名"纯银""青燕"，为美国1957年培育成功的现代月季中的"杂种茶香月季（HT）"品种；2c "莉莉·马琳Lilli Marlene"；3c "伊丽莎白女王Queen Elizabeth"，又名"粉后"，为美国1954年培育成功的现代月季中的"壮花月季（Gr）"品种，于1955年、1957年、1960年三次荣获全美月季优选奖，1955年荣获英国皇家月季协会优选奖；4c "超级明星Super Star"，为德国1960年培育成功的现代月季中的"杂种茶香月季（HT）"品种，1960年荣获英国皇家月季协会优选奖，1963年荣获全美月季优选奖，还荣获波哥大、波特兰、海牙、日内瓦等金奖；5c "钻石禧年Diamond Jubilee"，又名"天鹅黄"，为美国1948年培育成功的现代月季中的"杂种茶香月季（HT）"品种，1948年荣获全美月季优选奖；6c "标灯Cresset"，亦称"号灯"（资料暂缺）；7c "米歇尔·迈兰德Michele Meilland"；8c "约瑟芬·布鲁斯Jsephine Bruce"；9c "冰山Iceberg"，为德国1958年培育成功的现代月季中的"丰花月季（F）"品种，1958年荣获英国皇家月季协会优选奖，1960年荣获德国月季优选奖。

英国于1976年6月30日发行了《英国皇家月季协会一百周年》纪念邮票1套4枚，

1975年11月26日新西兰发行的一套9枚《现代月季名品》普通邮票

其中第一枚为8.5便士的"格拉姆斯的伊丽莎白Elizabeth of Glamis"，缘于幼年的伊丽莎白女王曾居住过的格拉姆斯城堡，为英国1964年培育成功的现代月季中的"丰花月季（F）"品种；其中第二枚为10便士的"迪克森爷爷Grandpa Dickson"，为英国1966年培育成功的现代月季中的"杂种茶香月季（HT）"品种。

罗马尼亚于1970年8月21日发行了《月季》1套6枚，展示了6种名品月季。以下依然按面值低到高分别简介：

20b"冰山Iceberg"；35b"维也纳魅力Wiener Charme"，为德国1963年培育成功的现代月季中的"杂种茶香月季（HT）"品种；55b"粉色荣耀Pink Luster"，为荷兰1957年培育成功的现代月季中的"杂种茶香月季（HT）"品种；1L"皮卡迪利Piccadilly"，又名"耀日红"，皮卡迪利是伦敦市著名商业街和广场名，为英国1959年培育成功的现代月季中的"杂种茶香月季（HT）"品种，1960年荣获英国皇家月季协会优选奖及马德里金奖、罗马金奖；1.5L"德尔巴德橙Orange Delbard"，为法国1959年培育成功的现代月季中的"杂种茶香月季（HT）"品种；2.4L"西贝柳斯Sibelius"，是以芬兰著名音乐家西贝柳斯命名的月季品种。

赤道几内亚于1975年1月28日发行了《月季》1套7枚+2枚M，该套票票幅较大，色彩艳丽，是为数不多发行蔷薇属邮票的非洲国家之一，还因为大多非洲国家不种植蔷薇属花卉。9个月季品种简介如下：

0.5e"六月园林June Park"；2e"毕加尔Pigalle"；3e"索拉娅Soraya"，又名"迎日红"，为法国1955年培育成功的现代月季中的"杂种茶香月季（HT）"品种，同年荣获里昂金奖；3.5e"金冠Gold Crown"，为德国1960年培育成功的现代月季中的"杂种茶香月季（HT）"品种，当年荣获德国月季优选奖和英国皇家月季协会优选奖；4e"克里斯汀·迪奥Christan Dior"，克里斯汀·迪奥是法国著名的香水和时装品牌，创建于1940年代，闻名世界。该品种是法国1958年培育成功的现代月季中的"杂种茶香月季（HT）"品种；25e"无瑕Perfecta"；50e"歌手Chantre"；130e（型张）"丑角Bajazzo"，为德国1961年培育成功的现代月季中的"杂种茶香月季（HT）"品种；200e（型张）"怀念Memoriam"，为美国1960年培育成功的现代月季中的"杂种茶香月季（HT）"品种，当年荣获波特兰金奖。

笔者于2007年购买一枚乌姆盖万酋长国实寄封，封贴该国1972年7月10日发行的1套6枚"名品月季"邮票，票幅较大，采用一明一暗设计，色彩逼真，形象突出；于首日挂号实寄美国纽约，于8月15日到达，封背销有15、16日两枚落地戳，经由相关专家鉴定，该封真实有效。国内邮界多对阿联酋原各国（阿布扎比、迪拜、沙迦、阿治曼、乌姆盖万、富查伊拉、哈伊马角）这一时期发行的邮票称之为"花纸头"一说，当时可谓沸沸扬扬。笔者通过购买这一时期价格不菲的相关实寄邮品可以看出，这一时期的这些邮票确有其事，四大目录之一的《米歇尔邮票目录》均有刊载，尽管其有一定的商业性质（其实邮票原本就是一种特殊商品），但绝非"花纸头"，因为花纸头只是一种仿制印刷品，它不是邮票。因此我们必须对此有一个正确的认识和评价。以下仍由面值低至高简介此套邮票：

10Dh"超级明星'热带红'Super Star'Tropicana'"，为德国1960年培育成功的现代月季中的"杂种茶香月季（HT）"品种，当年荣获英国皇家月季协会优选奖，1963年荣获全美月季优选奖和波哥大、波特兰、海牙、日内瓦等金奖；15Dh"爱尔兰金Irish Gold"；20Dh"席尔瓦Silva"，为法国1964年培育成功的现代月季中的"杂种茶香月季（HT）"品种；25Dh"天鹅湖Swan Lake"；50Dh"萨特黄金Sutter's Gold"，为美国1946年培育成功的现代月季中的"杂种茶香月季（HT）"品种，1950年荣获全美月季优选奖；5R"晚安Bonsoir"。

同一时期阿治曼酋长国的飞地—马纳马发行的"名品月季"，全套8枚，齿孔、背胶完好，装饰华丽，均为红色系列品种。具体如下：

5dh"玛丽亚·卡拉斯Maria Callas"，为法国1965年培育成功的现代月季中的"杂种茶香月季（HT）"品种，玛丽亚·卡拉斯是美籍希腊著名女高音歌唱家；

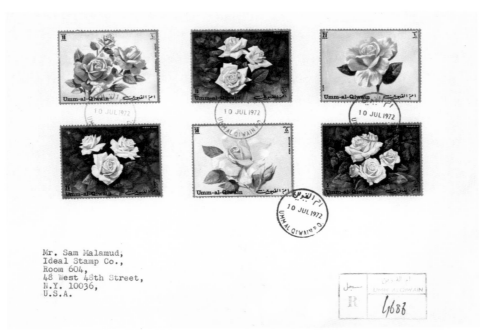

1972年7月10日乌姆盖万酋长国发行的《名品月季》邮票实寄封

20dh "索拉娅Soraya"，又名"迎日红"，为法国1955年培育成功的现代月季中的"杂种茶香月季（HT）"品种，同年荣获里昂金奖；25dh"盛会Grand Gala"，为法国1955年培育成功的现代月季中的"杂种茶香月季（HT）"品种；30dh"吉普赛人Gypsy"，为美国1972年培育成功的现代月季中的"杂种茶香月季（HT）"品种，1973年荣获全美月季优选奖；50dh"摩纳哥魅力Grace of Monaco"，为法国1956年培育成功的现代月季中的"杂种茶香月季（HT）"品种；60dh"席尔瓦Silva"；1R"贝蒂娜Bettina"，为法国1953年培育成功的现代月季中的"杂种茶香月季（HT）"品种；2R"梦幻Devine"。

与前类似，几年前购得一套豪尔费坎（沙迦酋长国一城市）发行的"月季"邮票，1套6枚，特点类似，印制精美，齿孔、背胶完好，简介如下：

20np"启示Message"；35np"萨布丽娜Sabrina"，为法国1960年培育成功的现代月季中的"杂种茶香月季（HT）"品种；60np"伊丽莎白女王Queen Elizabeth"，又名"粉后"，为美国1954年培育成功的现代月季中的"壮花月季（Gr）"品种，于1955年、1957年、1960年三次荣获全美月季优选奖，1955年荣获英国皇家月季协会优选奖；80np"凡丹Fantan"，为法国1959年培育成功的现代月季中的"杂种茶香月季（HT）"品种；1R"珍妮祖母Grand'mere Jenny"，为美国1950年培育成功的现代月季中的"杂种茶香月季（HT）"品种；125np"流浪者Vagabond"）。

巴黎铁塔英文玫瑰邮票

德国月季邮票

陶瓷英文背景玫瑰花邮票

1987年中国和新西兰联合发行月季邮票一套2枚，
图案分别为‘新西兰月季’、北京‘妙峰山玫瑰’

　　凡是动植物邮票，在设计时都应标注学名或名称，这是约定俗成的。作为百科全书，起码应当告知对象你是什么，叫什么，这也是邮票的功能之一。从"蔷薇"专题邮票可以看到，有近一半只有图案，未标名称，因此难以学研、介绍和交流。规范设计，科学严谨，同样是邮票设计的法则，否则就难以成就"百科全书"的声誉。

（陈志强）

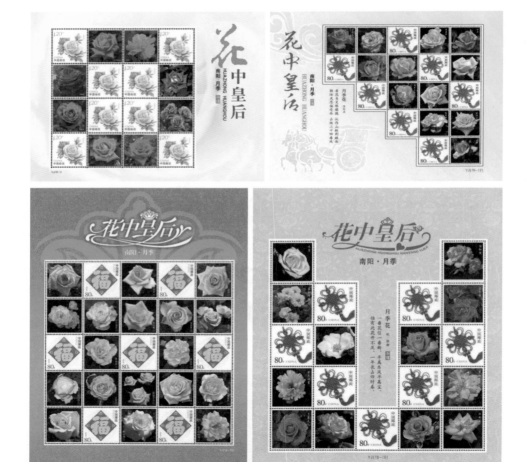

南阳为月季花会发行的《花中皇后 南阳月季》个性化邮票

月季邮品

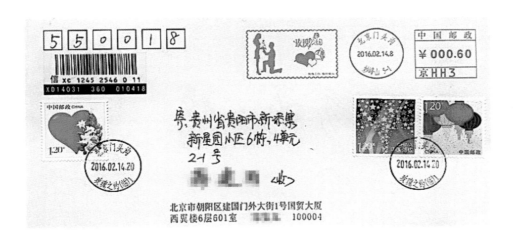

　　月季邮品早于月季邮票。这是因为世界上第一枚邮票黑便士是1840年英国发行的，而邮票发行以前被称为邮品的明信片、纪念封、邮戳等已经使用。

　　邮戳亦称盖销戳，是一种用于注销邮票，防止邮票再次被使用的邮戳。世界上第一枚盖销戳，"马耳他十字"邮戳，与黑便士邮票同时启用。英国邮政局为不列颠群岛上每个城市的邮局提供这种邮戳，并与1840年5月发行的世界第一套黑便士背胶邮票结合使用。据英国皇家集邮俱乐部记载，马耳他十字戳图案由15世纪都铎王朝4个花瓣的蔷薇花图案演变而成，并且有点像由4个箭头构成的8个尖角的马耳他骑士十字勋章。

　　1983年4月1日，中国邮电部发行的全套10枚十大名花邮资图美术邮资信封，其中一枚是月季图案。邮票规格为30毫米×40毫米，信封规格为180毫米×105毫米，信封售价11分，彩色胶版压凸印刷，印量300万套，北京邮票厂印制。1998年5月16日邮电部发行玫瑰普通邮资片一套一枚，面值0.40元，同时发行航空邮资面值一枚。2015年首个月季邮局在南阳市月季花会成立，启用月季邮局邮戳、纪念戳，同时发现纪念封和月季明信片。2016年世界月季洲际大会在北京举办，中国邮政发行JP2172016北京世界月季洲际大会纪念邮资明信片一套一枚，并启用纪念邮戳。

　　无论是一个国家或全世界范围，月季邮品的发行种类和数量都大于月季邮票，邮票有"国家名片"之称，因为邮票发行使用比邮品发行使用有着更为严格的规定。

月季文化节、月季花会印制发行的明信片、纪念封及刻制的纪念戳

印有月季花图案和加贴、加盖有月季花的邮票、邮戳的门票，明信片

月季邮集

邮集是集邮者将收集到的邮品，经设计、编排组成，用来表达一定内容或者讲述一段完整故事的专辑。按照国际集邮联的规定，目前竞赛类邮展包括传统、专题、邮政历史、邮政用品、航空、航天、极限、集邮文献、青少年以及现代集邮沙龙和税票等12大类别。

月季邮集属于专题集邮类。专题集邮类是从第二次世界大战兴起并迅速发展起来的主要集邮类别，它是按照合乎逻辑的纲要，用邮票和邮品讲故事（或称阐述专题）的集邮方式。专题集邮的特点是重于科学性和艺术性，打破了国别、邮票类别、套数和时空的界限。其突出特点有两个：一是以研究邮票的图案、内容与发行目的为基本要素，二是它的素材涵盖了其他各个类别所包括的收集内容。

专题集邮具有较强的思想性、知识性、趣味性和艺术性。因此，编出的邮集与其他类别相比，以选题新颖、构思精巧、故事完美、素材丰富而吸引更多的观赏者。高质量、高水平的专题展品，犹如一部优秀的文学著作，观赏性、可读性强，使人看而不厌，回味无穷。

世界上第一部专题邮集于1926年在纽约国际邮展上问世，以后专题类邮集以其独有的知识性、创造性、趣味性和教育意义，越来越受到集邮界的重视，与传统类邮

中国·南阳月季文化节纪念张

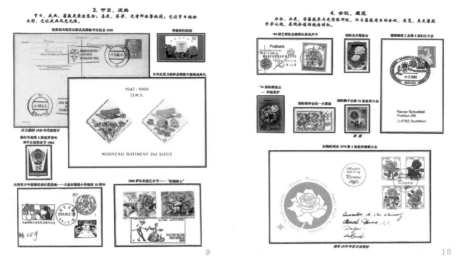

陈志强《蔷薇与纪念》邮集（部分）

集、邮政历史类邮集成鼎立之势。几十年来，专题邮集在国际邮展上所占比例越来越大，获奖级别越来越高。

专题邮集的三要素是：第一，纲要。纲要在邮集中主要是以前言和目录来表述、应具备逻辑性、正确性、均衡性、完整性、一致性五项要求。第二，拓展。这是专题邮集的一个特点，一是体现在对专题的每一个方面进行详尽的分析和综合、即研究的深度性；二是对非一般题材的开拓或对常用题材的新的发挥，即拓展的创造性。拓展要达到有深度和富新意的要求。第三，素材。专题邮集对素材即邮品的研究有其特殊性，即强调"专题信息"。对专题信息的要求是邮政部门专用的（如邮票、邮戳等，邮政部门采用的（如邮资封、简、片上的图案等），邮政部门同意的（如特许私家发售的邮品等）。素材中的专题信息越有效，对拓展完善邮集越有帮助，越能提高邮集的水平。

花卉是深受大众喜爱的专题。由于中国自清代大龙邮票诞生以来，发行花卉方面的邮票及邮品较少，集邮者在世界范围收集月季相关邮票、邮品存在较多局限，因此早期的月季邮集主要由外国编组展出，近年来，随着对外交流的增加和相关月季邮票邮品发行的增多，特别是在中国花卉协会月季分会和月季集邮研究会的推动下，集邮爱好者、月季爱好者收集研究月季邮票邮品的热情日益高涨，目前已有南京月季专题集邮者夏振林编组的《玫瑰》5框邮集获全国邮展镀金奖，西安的陈志强历时多年潜心研究世界范围发行的蔷薇邮票邮品，编组多部蔷薇邮集，为月季史研究提供了宝贵资料，受到月季专家的高度赞赏。

玫　　瑰

　　玫瑰：美丽纯洁的爱情、和平、友谊、勇气和献身精神的化身。爱与美、荣光焕发。

　　玫瑰，在植物分类学上是一种蔷薇科蔷薇属灌木，在日常生活中是蔷薇属一系列花大艳丽的栽培品种的统称，这些栽培品种示可称做月季或蔷薇。玫瑰果实可食，无糖，富含维他命 C，常用纯香草茶、果酱、果冻、果汁和制包等。尚有玫瑰膏、蜂蜜酒。玫瑰长久以来就象征着美丽和爱情。古希腊和古罗马民族用玫瑰象征他们的爱神阿芙罗狄蒂、维纳斯，玫瑰在希腊神话中是宙斯所创造的杰作，用来向诸神夸耀自己的能力。

目　录　　　　　页　数

1 玫瑰花

1.1 玫瑰花简介

名赤蔷薇，为蔷薇科落叶灌木，茎多刺。花有紫、白两种，形似蔷薇和月季。玫瑰花又称徘徊花、刺玫花。

花名：大花舟浴黑本培种玫瑰

邮票发行国家：德国（柏林）
邮戳：1992年10月14日
日戳：1992.10.14

花名：摄凯、杂交茶科玫瑰
是一种之2种不同种类玫瑰嫁接，菜种由来润玫瑰及淡黄种之最润型的杂交茶科玫瑰。

邮票发行国家：德国（柏林）
邮戳：1992年10月14日
日戳：1992.10.14

2 玫瑰品种

2.1 玫瑰花分四大类

"玫瑰"（实为月季）的原生种类繁多，但是经过空查育种，先站正式登录的起码超过一万五千种。按玫瑰花的大小可分为大轮种、中轮种、小轮种、蔓性种四大类。

花名：超级托斯卡玫瑰花
花名：莫乐斯山超千 紫色的半茶蔬花
超中国插蔬花卷台品种的起源，适合低温照期润、留室润土壤。

邮票发行国家：瑞典（斯德哥尔摩）
邮戳：1994年5月11日
日戳：1994.5.11

花名：和平玫瑰
和平玫瑰是第二次世界大战期间法国因裁种培育得，它卖名源出越千 玫瑰品种的玫瑰花之，如开时征但玫瑰花。最后颜即变湖且至为接的色。

邮票发行国家：瑞典（斯德哥尔摩）
邮戳：1994年5月11日
日戳：1994.5.11

3 文化象征

3.1 美国玫瑰花——美国国花经百年争论，于 1986 年 9 月 23 日国会议院通过 "玫瑰花"（实为月季，被台湾人误译为玫瑰）为国花，他们认为它是爱情、和平、友谊、勇气和献身精神的化身。

花名：爱心和爱玫瑰
为这种特殊的情景——爱为荣耀关民人认为为玫瑰花象征爱爱种气气，。

邮票发行国家：美国（邮涩邮地域）
邮戳：1986年7月4日
日戳：1986.7.4

花名：爱
爱一这因邮局提供表以显为名的玫瑰邮艺特供品，以由来已久的精情——爱为荣耀。

邮票发行国家：美国（作里大波趣）
1988年9月8日
邮戳：1988年
日戳：1988.9.8

张桂莲《玫瑰》邮集（部分）

月季藏品——盛开在收藏册中的月季花

　　月季（*Rosa chinensis*），被称为花中皇后，又称月月红，蔷薇科。常绿、半常绿低矮灌木，四季开花，一般为红色，或粉色，偶有白色和黄色，可作为观赏植物，也可作为药用植物，亦称月季花。自然花期，花成大型，由内向外，呈发散型，有浓郁香气，可广泛用于园艺栽培和切花。月季种类主要有切花月季、食用玫瑰、藤本月季、地被月季等。月季是山东省莱州市、江苏省淮安市以及河北省邯郸市、河南省南阳市等的市花。红色切花更成为情人之间必送的礼物之一，并成为爱情诗歌的主题。月季花也有较好的抗真菌及协同抗耐药真菌活性。

　　月季原产于中国，有2000多年的栽培历史，相传神农时代就有人把山中野月季挖回家栽植，汉朝时宫廷花园中已大量栽培，唐朝时更为普遍。由于中国长江流域的气候条件适于蔷薇生长，所以中国古代月季栽培大部分集中在长江流域一带。中国的六朝南齐（479－502年）诗人谢朓《咏墙薇》诗句描述蔷薇花为红色。而古代月季的栽培，见之记载的则要比蔷薇晚200～300年左右。宋代宋祁著《益都方物略记》记载："此花即东方所谓四季花者，翠蔓红花，属少霜雪，此花得终岁，十二月辄一开。"那时成都已有栽培月季。明代刘侗著《帝京景物略》中也写了"长春花"，当时北京

《月季花》特种邮票

丰台草桥一带也种月季，供宫廷摆设。在李时珍（1595年）所著的《本草纲目》中有药用用途的记载，中国记载栽培月季的文献最早为王象晋（1621年）的《群芳谱》，他在著作中写到"月季一名'长春花'，一名'月月红'，一名斗雪红，一名'胜红'，一名'瘦客'.灌生，处处有，人家多栽插之。青茎长蔓，叶小于蔷薇，茎与叶都有刺。花有红、白及淡红三色，逐月开放，四时不绝。花千叶厚瓣，亦蔷薇类也。"由此可见，在当时月季早已普遍栽培，成为处处可见的观赏花卉。这比欧洲人从中国引进月季的记载早160多年。

到了明末清初，月季的栽培品种就大大增加，清代许光照所藏的《月季花谱》收集有64个品种之多，另一本评花馆的《月季画谱》中记载品种月季有109种。清代《花镜》一书（1688年）写道："月季一名'斗雪红'，一名'胜春'，俗名'月月红'。藤本丛生，枝干多刺而不甚长。四季开红花，有深浅白之异，与蔷薇相类，而香尤过之。须植不见日处，见日则白者一二红矣。分栽、扦插俱可。但多虫莠，需以鱼腹腥水浇。人多以盆植为清玩。"这简单说明了栽培繁殖月季的主要原则。并可看出有白色月季遇日光变红的品种，类似当今栽培的某些现代月季品种。由于从1840年的鸦片战争开始到新中国建立，中国大多时间处于战乱年代，民不聊生，中国的本种月季在解放初期仅存数十个品种在江南一带栽种。

据《花卉鉴赏词典》记载，月季于1789年，中国的'朱红''中国粉''香水月季''中国黄色月季'等四个品种，经印度传入欧洲。当时正在交战的英、法两国，为保证中国月季能安全地从英国运送到法国，竟然达成暂时停战协定，由英国海军护送到法国拿破仑妻子约瑟芬手中。自此，这批名贵的中国月季经园艺家之手和欧洲蔷薇杂交、选种、培育，产生了杂交茶香月季新体系。其后，法国青年园艺家弗兰西斯经过上千次的杂交试验，培育出了国际园艺界赞赏的新品种黄金国家。此时，正值第二次世界大战爆发，弗兰西斯为保护这批新秀，以"3－35－40"代号的邮包，投递寄到美国。又经过美国园艺家培耶之手，培育出了千姿百态的珍品。1945年4月29日，太平洋月季协会为欢庆德国法西斯被彻底消灭，就从这批月季新秀中选出一个品种定名为'和平'。1973年，美国友人欣斯德尔夫人和女儿一道，带着欣斯德尔先生生前留下的对中国人民的深情，手捧'和平'月季，送给毛泽东主席和周恩来总理。从此，这个当年月季远离家乡的使者，经历了200年的发展变化，环球旅行一周后，又回到了它的故乡——中国。

月季被欧洲人与当地的品种广为杂交，精心选育。欧美各国所培育出的现代月季达到30000多个品种，栽培月季的水平远远领先于中国，但都是欧洲蔷薇与中国的月季长期杂交选育而成，因此中国月季被称为世界各种月季之母。

月季花形态特征是直立灌木，高1～2米；小枝粗壮，圆柱形，近无毛，有短粗的钩状皮刺。小叶3～5，稀7，连叶柄长5～11厘米，小叶片宽卵形至卵状长圆形，长

2.5～6厘米，宽1～3厘米，先端长渐尖，基部近圆形或宽楔形，边缘有锐锯齿，两面近无毛，上面暗绿色，常带光泽，下面颜色较浅，顶生小叶片有柄，侧生小叶片近无柄，总叶柄较长，有散生皮刺和腺毛；托叶大部贴生于叶柄，仅顶端分离部分成耳状，边缘常有腺毛。花朵集生和稀单生，直径4～5厘米；花梗长2.5～6厘米，近无毛或有腺毛，萼片卵形，先端尾状渐尖，有时呈叶状，边缘常有羽状裂片，稀全缘，外面无毛，内面密被长柔毛；花瓣重瓣至半重瓣，红色、粉红色至白色，倒卵形，先端有凹缺，基部楔形；花柱离生，伸出萼筒口外，约与雄蕊等长。果卵球形或梨形，长1～2厘米，红色，萼片脱落。花期4～9月，果期6～11月。

月季图案的应用

由于月季花人见人爱，不仅成为了园林、盆栽等首选的观赏花卉品种，而且被美术家和商家将它艳丽的风姿克隆在作品和生活品上。虽然这些创作（含绘画摄影等）不是鲜活的，但融入了艺术家们对月季花的钟情，在笔者的纸品品收藏册中，这些静态的作品显出的活力，就像盛开在收藏册中的月季花。

◎ 邮票

1984年4月20日，中国邮政发行志号T93《月季花》特种邮票，由孙传哲先生设计，北京邮票厂影写版印制，全套6枚，品名分别为：6－1'上海之春'；6－2面值'浦江朝霞'；6－3'珍珠'；6－4'黑旋风'；6－5'战地黄花'；6－6'青凤'。

◎ 钱币

人民币：第5套人民币10元券的装饰主配图是月季花，币中月季姿态婀娜，瑰丽多彩，被誉为"花中皇后"。

朝鲜币：面值100元的主图，为一支三朵绽开的白色月季花。

1999年昆明世界园艺博览会1盎司月季彩银币。

2001年人民银行发行中秋纪念月季银币

◎ 电话卡

中国电信天津市电话局1999年发行的月季花201电话卡。

洛阳市邮电局1993年发行的月季系列磁卡电话田村卡。

北京市电信1994年发行的"北京市市花—月季"电话卡全套6枚。

◎ 火花

上海火柴厂出品的月季"火柴，全套火柴贴花9枚。

◎ 香烟标

长沙卷烟厂生产的"月月红"牌香烟，张家口卷烟厂生产的月季牌香烟，郑州卷

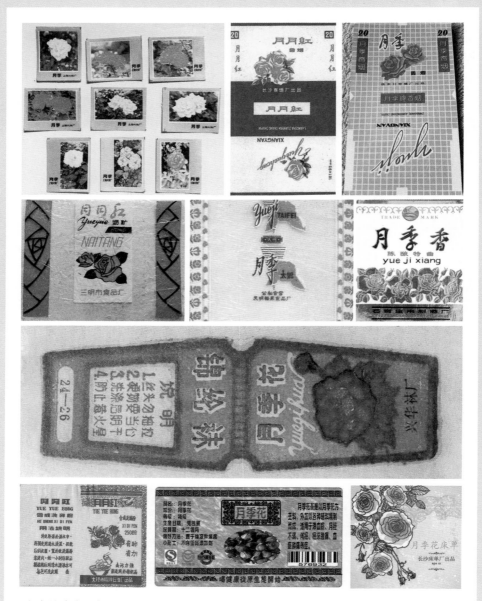

印有月季花图案的火柴贴花、烟标、糖纸、酒标、袜标及各种商品的包装、标志和贴标

烟厂生产的"皇后"香烟，南阳卷烟厂生产的"群英会"香烟，张家口卷烟厂生产的"迎宾"香烟，烟盒上都印有月季图案。

◎ 糖纸

三明市食品厂生产的"月月红"奶糖，天明糖果食品厂生产的"月季"太妃糖。

◎ 手绘月季花纪念片

笔者手绘一枚月季花纪念片，1984年4月30日出差时销沈京火车邮戳。

◎ 中华月季园明信片

由山东莱州邮政局发行三枚一套"中华月季园"明信片。

◎ 蜂蝶月季手帕

1995年长沙手帕厂生产出月季花牌系列小手帕。

◎ 酒标

石家庄制酒厂生产有"月季香"白酒，云南红源保健品有限公司生产有"月季花"保健酒。

◎ 袜子标

上海市兴华针织袜厂1994年生产有月季花锦纶袜。

◎ 洗发膏标

北京月季日用化学厂1987年生产有月季牌洗发膏。

◎ 月季牌洗衣机说明书

浙江省新时代工业公司2001年生产有月季牌洗衣机。

◎ 合成洗涤粉贴标

大理市精炼石油厂1988年生产有月月红合成洗涤粉。

◎ 毛线卷标

天津市东亚毛纺厂生产有614标号月季花毛晴混细绒毛线。

◎ 月季花茶叶筒贴标

云南大理石岩洞茶叶公司2015年8月生产有月季花茶250克听装。

◎ 月季花香皂外包装

天津子牙河日用化工有限责任公司2016年生产有月季花香皂。

◎ 床单商标纸

长沙床单厂1999年生产的"月季花"床单，全棉印花/规格1.6米×2.4米。

◎ 月季花文化节招贴标志

2011中国石桥/中国月季之乡·第二届月季文化节汽车招贴标志。

◎ 月季花会标评审样

第八届中国花卉博览会在常州武进举行，组委会向全国征会标图案，最终采用月季花为主图的会标获评委会通过，见组委会发评委的评审图样。

◎ 月季干燥剂标志

上海日用干燥剂厂居佳月季干燥剂。

◎ 月季文化节纪念章

1988年北京中国城市市花展览会，北京市丰台区人民政府制作北京市花月季铜章，直径6厘米。

◎ 月季瓷器

明清、民国及现代瓷器上的月季。

◎ 月季镇纸

月季邮票桃花实木镇纸，月季邮票亚克力镇纸

◎ 月季服饰

◎ 月季钥匙扣

2015中国（南阳）月季展钥匙扣。

◎ 月季纸巾

玫瑰园妇婴用纸。

◎ 月季家具

◎ 月季车贴、站牌

南阳市交通运输局、南阳市公交公司月季车贴、月季公交站牌公益广告。

◎ 月季银行卡

沈阳市商业银行玫瑰卡，盛京银行玫瑰卡。

◎ 月季手链

中国农业银行纯金玫瑰心手链。

◎ 月季市花评选纪念卡

1995年南阳市市花、市徽评选纪念卡。

◎ 月季地铁纪念磁卡

月季地铁纪念磁卡横版、竖版。

（卢伯雄）

南阳烙画、玉器、邓瓷、宛绣上的月季藏品

烙画

烙画,亦称烙花、烫花、火笔画、"火针刺绣"。它是利用碳化原理、通过控温技巧,用温度在摄氏300~800℃之间的铁笔烙烫。它可以不施任何颜料用白描技法勾勒线条,西画素描黑、白、灰关系烘色,或以烙为主套彩为辅的表现手法,在竹木、宣纸、丝绢等材料上勾划烘烫作画,巧妙自然地把绘画艺术的各种表现技术与烙画艺术融为一体,形成自己的艺术风格。

烙画相传起源于秦朝,但并无可考证据和史料。据民间传说记载,始见于西汉末年,距今已有2000多年的历史。传说那时南阳城里有一姓李名文的烙花工匠,是远近闻名的烙花高手,无论是尺子、筷子,还是手杖、扇坠,经他一烙烫,各式各样的人物、花鸟、山水、走兽,栩栩如生,跃然纸上,精美绝伦,巧夺天工,人称烙花王。

南阳市烙画厂为2019世界月季洲际大会制作的月季烙画作品

他为人忠厚，心地善良，在城内开了个门面，方圆百里人皆知之，知名度颇高。传说当年"王莽撵刘秀"（南阳民间传说），李文曾救过刘秀并送一只烙花葫芦给他作盘缠，刘秀不胜感激，此后历经千辛万苦，也不曾将那只烙花葫芦卖掉。公元25年刘秀称帝后，仍不忘烙花王的救命之恩，查访到他后即宣进京，赐银千两，加封"烙画王"，并把南阳烙花列为贡品，供宫廷御用。从此，南阳烙花便蓬勃发展，名扬四海。"烙花王"的故事也流传至今。

烙画表现形式多样，大到几米乃至几十米的长卷，以至大型厅堂壁画，如《清明上河图》《大观园图卷》《万里长城》等，小至直径不足1厘米的佛珠。作品可以充分反映国画山水、工笔、写意，以及人物肖像、年画、书法、写实画、抽象画等不同画种的风格。

烙画题材作品内容在力求继承传统花色的基础上不断丰富、创新，多为古典小说、神话故事、吉祥图案以及山水风景等，图案清新，美观大方，永不褪色。

南阳市烙画厂，为2019世界月季洲际大会特别设计制作了多款月季烙画作品。

玉器

南阳玉，又称"独山玉"或"南玉"，产于南阳市城区北边的独山。为全国四大名玉之一。独山玉质坚韧微密，细腻柔润，光泽透明，色泽斑驳陆离。有绿、白、黄、紫、红、白6种色素77个色彩类型，是玉雕的一等原料。

南阳玉器厂的独山玉雕作品
左图 《平安富贵》 **右图** 《玉树临风》

南阳玉器厂的独山玉雕作品《青山叠翠》

独山玉雕，历史悠久，1959年在独山附近的黄山新石器时代遗址出产的玉铲，证明早在5000余年前先民们已认识和使用了独山玉。独山脚下"玉街寺"遗址，为汉代雕刻玉器的地方。清《新修南阳县志》载："故县北居民，多治玉为生。"旧中国，南阳玉雕已形成一大行业，城内有作坊80多家，多是后设作坊，前面开店，自雕自销。玉雕品主要有人物、花卉、鸟兽、山水、神像、炉熏、首饰等120多个品种。独玉雕品晶莹闪烁、玲珑剔透，为南阳著名特产。镇平县每年举办大型国际玉雕节，吸引了众多的海内外客商，南阳玉雕在国际上享有盛誉。

南阳玉雕，最早可追溯到新石器时代。殷商时期，南阳玉雕工艺已相当精湛，真正形成较大规模是在汉代，鼎盛时期为明清，无论从出土文物和史料记载，均可佐证南阳玉雕工艺的源远流长。并且千百年来，脉络清晰，传承有序，且活态存在。南阳玉雕工艺因南阳独山玉存在和南阳地处中原的地理位置决定其独特性，并且有别于其他各地工艺和其他艺术，深受社会各阶层喜爱，其历史价值、文化价值、经济价值、现实价值巨大。

南阳玉雕文化内涵丰富，题材广泛，品种繁多。内容有吉祥图案、民俗文化、神话传说、历史故事、古典小说、唐诗宋词、风土人情以及古、近、现、当代重大事件等均可作为南阳玉雕的表现题材。从玉雕品种上讲,可分为玉雕人物、动物、花鸟、瓶素、山子雕、把玩件、首饰类、小件旅游品、实用工艺品等九大类数千个品种。或气势恢宏,或精巧玲珑;或端庄典雅,或活泼灵动;或写实,或写意;或具象,或抽象;或圆雕,或镂雕;或欣赏,或实用。真是百花齐放,争奇斗艳。特别是南阳玉雕的俏雕作品,用色巧妙、浑然天成,有来自大自然的生动美,堪称"中华一绝",被誉为无言的诗、立体的画,彩色的雕塑,凝固的音乐。

南阳玉器厂为2019世界月季洲际大会创意出玉雕2019世界月季洲际大会会徽和吉祥物等月季系列作品,向中外来宾展示南阳玉雕的魅力。

邓瓷

邓瓷的烧制起始于唐,兴盛于宋,衰落于元明。清代《景德镇陶歌》中述:"白定要分南北宋,青磁汝越邓唐柴。千峰翠色添新霁,红玉争传试院佳"。

从文献中可知,邓州窑邓瓷的地位在耀州瓷、龙泉瓷之上是与汝窑和越窑并列齐名的青瓷名窑之一。

邓州市邓瓷工艺品有限公司烧制的花卉瓷作品

邓州市邓瓷工艺品有限公司烧制的花卉瓷作品

　　据明代贤相李贤《大明一统志》中载，邓州瓷窑在今内乡县境内。就是内乡县城西约二十五公里的乍曲乡大窑店村西一带，面积约100万平方米。因遗址古时长期属邓州管辖，故名邓窑，所烧瓷器史称邓瓷。1986年11月21日，河南省人民政府公布邓窑遗址为"河南省文物保护单位"。2006年4月18日邓窑遗址在国际古迹遗址日荣获"河南主要工业遗产"。2013年5月3日，被国务院核定公布为第七批"全国重点文物保护单位"。2018年8月28日被南阳市人民政府公布为第五批南阳市市级非物质文化遗产代表性项目。

　　邓窑遗址尚未发掘，但从多年来在遗址上采集的标本和在当地征收的器物中看，该窑延续时间很长。邓瓷纹饰丰富多彩，大部分采用凸起的阳纹，题材主要为花卉与水生物两大类。独特的纹饰，图案繁复，勾线生动，在全国现已发掘的瓷器中比较罕见。不仅对研究古代瓷器有着重要价值，而且在历史、艺术等方面都有很高的研究价值。2019年邓州市邓瓷工艺品有限公司经过多年的不断探索复烧，成功烧制出月季瓷系列产品，向世界月季洲际大会献礼。

宛绣

南阳宛绣文化有限公司制作的月季图案宛绣服装作品

丝织有多远，宛绣就有多远。据《南阳县地方志》这样记载：南阳丝织兴于战国时期，盛于两汉，唐宋时期发展较快，有"丝、布、自菊之贡"之说。南阳刺绣是随着丝织业发展而兴起的一种传统工艺。明代唐王府奉司设典服所专为王室人员制作服饰。20世纪80年代南阳刺绣厂为人民大会堂制作了宛绣精品"双狮"和"蝴蝶"。主要运用垫绣、套绣和雕绣等针法，棕黄色的狮鬃凹凸有致，颜色由深入浅，层层变化，双目有神，威风凛凛，代表了当时宛绣的最高水平。现今的南阳社旗山陕会馆，有50多件保存良好的晚清时期刺绣珍品。

宛绣与南阳的玉器、烙画齐名。宛绣别于其他绣品的不同之处：多用于生活当中，使用的有传统打嘴单套针、乱针、稀针、硬填、蒙绣等20多种，最大的特点是色彩淡雅华贵，形如浮雕，风格独特，做工考究。20世纪70、80年代曾远销美国、日本等20多个国家和地区，到90年代末，宛绣迅速衰落，面临着严峻的传承问题，直到今天会宛绣的人也越来越少。

南阳宛绣文化有限公司是由几名身在外地经商的南阳籍人士共同策划成立，旨在为响应国家号召"大力发展文化产业"实现南阳人的文化传承梦想共同努力。

规划中的宛绣文化园位于南水北调中线渠首。一是为保护和传承"宛绣"非物质文化遗产；二是面向社会各界展示宛绣精湛技艺和珍稀佳作；三是为社会提供宛绣文化传承教育的实物和文史教材；四是为当地在家务工人员搭建好就业创业平台，形成产业就业带动；五是增加当地经济收入快速增长；六是以保护南水北调源头环境为重点：搭建中国传统工艺宛绣的发展、研究与交流的平台，为弘扬宛绣文化做出贡献。

2019世界月季洲际大会举办之际，南阳宛绣文化有限公司在继承宛绣传统工艺的基础上创新制作了宛绣月季系列精品，为中外嘉宾提供精美的宛绣收藏佳品。

6

月季名园
月季（玫瑰）之乡
月季城市

世界优秀月季园

深圳月季园

在深圳，有一个很小却很另类的免费公园。占地面积只有195亩，却是深圳的五星级公园；身处深圳最繁华的闹市却很宁静；很多深圳人不知晓却世界知名。它，就是位于深圳市罗湖区的人民公园，是深圳市内最早建成的公园之一。

人民公园最大的亮点在于它的中央岛——月季园。这里种植来自世界各地300多个品种、5万多株月季花。这里也是中国花卉协会月季分会五大月季花基地之一。每年的12月初至翌年2月末，月季处于盛花期，月季园内百花齐放、万紫千红，引来无数游人前来驻足观赏。2009年6月，在加拿大温哥华举办的第十五届月季大会上，深圳市人民公园荣获"世界月季名园"称号，是中国第一个获此殊荣的月季园。这是一个以月季花观赏、栽培、研究为特色，并以安静休闲、陶冶情操为主要功能，服务市域居民为主的市级专类花木公园。园内有一观景山，游客到此可以登高远眺，既可一览全园秀色，又可眺望都市美景。园内山水相连，湖泊纵横，湖岸蜿蜒曲折，园内多种植物营造的热带风情更令人陶醉。

不积跬步，无以至千里。月季成为深圳市人民公园的品牌，成为深圳花卉文化中的奇葩，离不开几十年的积累。过去，这里曾经是低洼水田之地，如今变成中国南方传承月季文化的大观园。建园以来，人民公园管理处全力打造园容园貌，不断丰富公园文化内涵，构建月季文化。1986年，开始种植月季。1989年，第二次规划调整，建设以月季为主题的公园。1992年，按照总体规划，建立月季园，尝试露地种植，为深圳市民提供良好的观赏月季场所。之后，公园开始大面积种植月季，将月季种植遍布公园每个角落。1993年是深圳月季发展的转折年，这一年园中的月季形主体建筑建成。深圳市人民公园的月季种植规模扩大，品种丰富，中国花卉协会月季分会将其作为南方的种植和研究基地，成立中国月季协会深圳月季中心，并作为我国五大月季中心之一。1993年12月，"深圳市月季中心"正式挂牌成立。1994－1997年，深圳月季培育步入快车道，培育和选育出一批最能适合南方高温高湿气候生长的品种，其中'和平''绯扇''红双喜''冰山'等是主要品种，并且开始了树状月季的栽植尝试。1997年，人民公园在深圳市迎春花展当中崭露头角，将月季种植和月季文化向市民首次普及和展示。经过数年潜心研究栽培，1999年，公园成功栽培的树状月季和月季新品参加昆明世界园艺博览会，获得金奖1个、银奖4个和铜奖8个。同年，人民公园举办了第一届迎春月季花展。2006年，公园培育的月季盆景在沈阳花博会上震动了国内月季界。2007年，公园首次将迎春月季花展展示范围延伸到品种展示和插花艺术展示。

近年来，每年这里都会有不同主题的花展活动。2018年花展主题为"美丽深圳·浪漫之都"，展期20天。人民公园展出月季4万余株、近100个品种，无数游客慕名而来，观赏这场视觉盛宴。现在人民公园种植的月季花有200多个品种，一年四季呈现着不同风情，各类品种的月季花色彩艳丽、千姿百态极具观赏性。

常州月季园

常州月季园位于常州市东北部紫荆公园，竹林北路与东经120大道路口是中国月季品种最多的月季主题公园，也是世界上中国古老月季品种最为集中的月季园。紫荆公园遍植月季，主要建有国际月季园、常州园、中国古代月季演化展示区等月季种植区，品种达1200余种、5万余株。

2012年10月17日，在南非约翰内斯堡召开的第十六届世界月季大会上，常州市紫荆公园荣获"世界优秀月季园"称号，这是继深圳人民公园之后，中国第二个获得这项荣誉的公园。在本届大会上，常州市紫荆公园以独特的中国古老月季文化内涵、众多的月季品种、丰富的月季文化展览、优美的园林景观，打动世界月季联合会评奖委员会29名评委，从包括美国、英国、比利时等全球41个国家的优秀月季园中脱颖而出，荣获"世界优秀月季园"这一堪称月季奥林匹克冠军的荣誉称号。

紫荆公园呈现两大特色：第一，公园以东经120度经线作为建设主题（东经120度经线是"北京时间"的基准经线，而常州是该经线唯一穿越城区的地级市），根据这一特色，将东经120度经线作为公园的主要景观轴线。同时，这条轴线也是常州东部的主要景观轴线，它将紫荆公园、东经120度景观大道、中华恐龙园串联在一起，共同构筑一条集旅游、生态、科普于一体的旅游线路。第二，2010年紫荆公园同时举办中国第4届月季花展暨2010世界月季联合会区域性大会，并建成个性化的月季专类园。分一轴五区。一轴：120度景观轴，这条轴线上拥有时光广场、"时来运转"摩天轮、认知走廊等景点。五区：参赛城市展区、常州7个辖市区展区、国际月季园、常州展区、体育活动区。

认知走廊是2010年世界月季区域大会月季花展的室内展厅，展示了月季书画、月季摄影、月季新品种、月季花及中国月季史等内容。国际月季区位于公园南部，占地5839平方米，种植月季品种千余种。

这里每年都会举办月季花展或月季文化节，花展期间，公园内各种品种的月季花争相开放、绚丽多彩、争奇斗艳。

北京植物园月季园

北京植物园月季园位于北京市海淀区香山脚下的北京植物园，每年5到10月间，各类月季竞相开放。园区占地约105亩，集中展示1200多个品种、近10万株月季，花形各异，花色绚美。

北京植物园自1991年10月开工兴建月季园，1993年5月竣工。月季园以展示不同类型月季在不同环境中的多种配置形式为主，注重整体效果，既是月季专类园，又是

2016年北京月季文化节

上图 北京植物园
下图 北京第三届月季文化节

新优园林展示区。采用沉床式设计，轴线布局严整，中部是喷泉广场。沉床周边是以疏林草地为基调的赏花区。造型别致的花架、新颖的布置手法，形成良好的垂直绿化效果。月季园设计荣获1993年首都绿化美化优秀设计一等奖，1994年北京中小型设计单位优秀设计一等奖。自中国花卉协会月季分会提名北京植物园月季园以来，北京植物园对月季园进行了局部改造，丰富月季品种，全面提升月季园景观。

1993年建园以来，20多年时间里植物园的园艺专家们不断从澳大利亚、英国、荷兰等多个国家和地区引进月季新优品种。月季园内的月季品种从最初的500多个增加到1500多个，品种丰富，花形各异，花色绚美。既有我们常见的丰花月季、茶香月季、藤本月季，也有罕见的树状月季、微型月季；既有大量的现代月季、也有专门的古老月季展示区；在色形上不仅有常见的红、粉、白、黄等颜色的月季品种，还有比较少见的绿色月季'绿野'、橙色的'张佐双'月季、黑色的月季'黑衣夫人'以及蓝色的'午夜蓝调'等。还有世界最受欢迎的月季品种'变色月季''鸡尾酒'等。

2015年，在法国里昂举办的第十七届世界月季大会上，北京植物园月季园荣获"世界杰出月季园"（Rose Garden Excellence 2015）称号。

走进北京植物园月季园，满眼是缤纷的色彩，满鼻是月季的芬芳，看着各色各型的月季，仿佛在享受着一场视觉的盛宴。

北京大兴世界月季主题园

2018年6月，在丹麦首都哥本哈根举行的第十八届世界月季大会上，北京市大兴区的世界月季主题园荣获"世界月季名园"称号，这是中国第四个获此项殊荣的公园。

2016年5月，世界月季洲际大会在世界月季主题公园举办。园区内主题各异的月季园、造型别致的月季博物馆、千姿百态的月季花，世界40多个国家的800多名月季爱好者齐聚一堂，呈现了一场精妙绝伦的月季盛宴。

世界月季主题园占地658亩，收集展示新优月季品种1770余种，集新优月季品种展示、月季文化传播、科普教育、休闲旅游等多功能于一体，是北方最大的以月季为主题的综合园区之一。

世界月季主题园是由北京正和恒基城市规划设计研究院规划设计。为了展示国际性、科学性和专业性，园区的主题设置和月季种植设计，是在国内外月季专家的倾力指导下完成的。按照月季的文化及功能性分为七彩月季园、月季花语大道、名人月季园、芳香月季园、中国自育月季品种园、五洲月季园、金奖月季大道、古老月季园、玫瑰园、蔷薇园、和平月季园11个主题区和北京各区及公园展园、月季城市展园等2

北京2016世界月季洲际大会开幕式

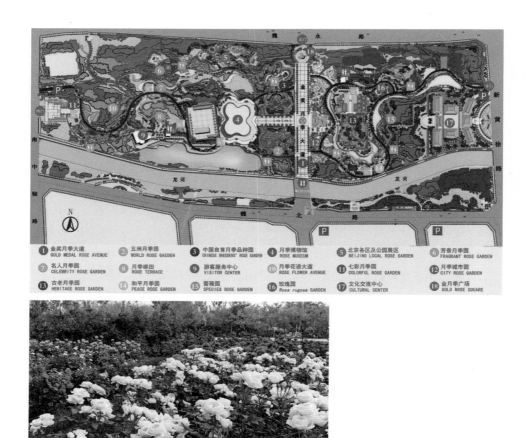

上图 世界月季主题园总平面图
下图 名人月季园一角

个室外展区。

　　七彩月季园位于园区西入口，面积约8000平方米。在该区主路两侧和广场四周布置2个微型月季色块、25个丰花月季色块、16个大花月季色块以及一个造型花坛，用大色块的方式展示月季丰富的颜色和多样的色彩组合。

　　名人月季园收集38个以世界名人命名的月季品种，包括皇室成员荷兰女王、清子公主，音乐家帕瓦罗蒂、作家莫泊桑，艺术作品人物蒙娜丽莎、海格力斯等。园区内展示澳大利亚月季专家劳瑞·纽曼以中国花卉协会月季分会会长张佐双命名的'张佐双'（'中国日出'）。

月季花语大道占地约10000平方米，以或朗朗上口或寓意深刻或清新雅致的月季品种名称为主题特色。花语大道结合月季花语，从"童年—成长—爱恋—记忆"四个人生环节，展示与之相关的花语月季品种。如代表童年花语的'浪漫宝贝''中国女孩''超级童话''迪士尼乐园'等，代表成长花语的'红粉佳人''粉佳人''假日公主''白佳人'等，代表爱恋花语的'怀春少女''梦幻华尔兹''漂亮新娘'等，代表记忆花语的'老兵的光荣''甜蜜的回忆'等。

芳香月季园位于西入口的东北角，占地约10000平方米，形似一片树叶，沿着叶脉状的道路，可以走进7个不同香型区域，近距离地感受月季迷人的芳香。

中国自育品种园位于金奖月季大道西侧，五洲园北侧。全园面积约10000平方米，以一条主要的游览参观步道贯穿各个展区，其间设置多处休憩亭廊，形成丰富的空间。园区集中展示中国农业科学院、云南省农业科学院、中国农业大学、北京市园林科学研究院、北京林业大学、辽宁省经济作物研究所、山东省平阴玫瑰研究所、北京联合大学特殊教育学院、天坛公园等13家单位，培育的100个品种。

五洲月季园位于月季大道西侧，约8500平方米，设有亚洲展园、欧洲展园、大洋洲展园和美洲展园，重点展示来自中国、美国、德国、英国、法国、日本等15个国家的400多个月季品种。不同主题展区内搭配各具特色的廊架、小品等，形成具有区域

古老月季园景观

上图左 三亚园 **上图右** 月季博物馆夜景（李金摄）
下图左 "美丽月季美好家园"大兴园景观（郭晓梅摄） **下图右** 怀柔园景观（刘芳摄）

特色的月季景观。月季自古就有"一木成景"的说法，即月季类型众多，既有藤本月季、独干月季树、月季老桩，又有大花、丰花月季，以及微型、地被月季，涵盖了乔木、灌木、地被的全部类型。在五洲月季园中对这些月季类型均有展示。

金奖月季大道构成公园的南北轴线，全长约300米。大道两侧集中展示全美月季优选奖和荣誉殿堂月季品种，搭配藤本月季长廊，形成一条文化氛围浓厚的市花景观大道。

古老月季园位于金奖月季大道东侧区域的核心区，全园面积约12000平方米，是整个主题园的特色园中园。园区采用中国古老园林前庭后院的格局，用大乔木、园路和水系围合成一处相对独立的场地空间。古老月季园北部为庭院，两侧为疏林草地，中间是花岗岩铺装大道。园中建筑格局采用仿明清时期建筑形式，青瓦红柱白墙。建筑与水系之间采用形式不同的石板平桥、折桥、拱桥连接，水系结合地形，形成不同层次的叠水。

蔷薇园位于公园东部，占地约4400平方米，沿水系布置，结合文化交流中心西侧的缓坡地形，设置为台地式展园。台地用整块毛石砌筑，不加修饰，搭配不同品种的野生蔷薇，充分体现出自然野趣的景观氛围。

玫瑰园占地约4500平方米，位于园区的东北角，以展示来自世界各地的不同功能、不同品种的玫瑰为特色。

'和平'月季被誉为20世纪最伟大的月季品种，由法国著名月季育种家弗朗西斯·梅昂先生于1935—1939年间培育而成。和平月季园位于公园东北角，与古老月季园隔水相望，占地约6000平方米，是展示和平月季的主题展园。园内收集展示了'和平''粉和平''火和平''芝加哥和平''北京和平''和平之光''爱与和平'等和平系列月季品种。除展示和平系列月季品种外，还结合景墙浮雕的形式讲述和平月季的故事。

月季城市园位于金奖月季大道东侧，全园面积约8000平方米。展园布展突出地域特征和城市文化特色，设置有北京园、常州园、沈阳园、郑州园、三亚园、莱州园、深圳园、南阳园、淮安园等9个城市展园。展园中栽植了大量具有本地域特色的月季品种，配以不同的地域文化元素，用以说明城市与月季的关系。

北京区县展园位于芳香月季园东侧，面积约为12000平方米，该区域围绕疏林草地和缓坡地形形成大小不同的19个展区。展区以北京各区、公园的特色月季品种和地域特色为主题，围绕展区内游览路线展开，一路走来，各色月季琳琅满目，应接不暇。

园内建有月季博物馆和月季文化交流中心等2座标志性建筑。月季博物馆是全球首座以月季为主题的博物馆，总建筑规模9760平方米，建筑造型犹如一朵美丽的月季花。核心展区分为1个序厅和8个展厅，以声光电子技术展示了月季的历史、文化和科学。2016年被评为"全球影响力最大的十大博物馆建筑"。文化交流中心总建筑面积18930平方米，高空俯视呈"京"字造型，由新中式的四合院建筑组成，坐西朝东，寓意紫气东来。

中国古老月季文化园

中国古老月季文化园占地面积660亩。位于北京市大兴区魏善庄镇政府南1公里，半壁店村东南。园区东侧紧邻南中轴路，南侧紧邻庞安路，交通十分方便。园区内主要包括花海园、现代月季园、古老月季园、中国古老月季博物馆、长寿湖、北京立体书博物馆、海棠岭等特色景点。园区以其丰厚的园林资源、专业的造景设计与精致的空间规划，利用地形设计调整，通过"一树花开，满园祥瑞"的分区铺陈手法，形成平面与空间相交替的多维景观节点，铺以用时刻文字解说，画龙点睛，诉说传统与现实兼具的中国古老月季故事。

花海园共有1000多株现代月季品种，四季开花，花海区域占地总面积2000多平方米，花海尽头是创意的造型松树，为园区徒增了几分古老气息，其中开花最显著的首当其冲就是'梅郎口红'，热情似火的鲜红色。其次就是'粉扇花'，花大形似牡丹；再有就是'光谱'金黄色花朵镶红晕，花初开为金黄色，中期红晕加深，后期使花由金黄转为朱红色。这里成片的鲜花可谓真是百花齐放、缤纷绚丽，微风携带着馥郁的花香扑面而来。

现代月季品种园，此园整体设计为西式风格，如画的清新绿藤廊，欧美的雕塑喷泉，欢乐的儿童区，还有2000多种名贵进口的欧洲月季遍地开放。现代月季都是经多次杂交、长期选育而成的杂种月季品种群。

中国古老月季博物馆为世界第一座古老月季主题文化博物馆。场馆常设各式与中国月季相关的主题展，包括：古老月季的发展历程，月季相关书画，视频资料影像等影音展示，全面而完整地展现月季发展的历史意义与丰富全貌。

古老月季园由王国良月季大师设计建造，他将自己30余年的收集、收藏奉献给了本园作为展览内容。园区以中国古老月季主题文化为引子，以中国月季、玫瑰、蔷薇演化历程及其对世界月季的历史贡献为主线，根据古老月季出现的时间序列和演化路径，将园区内180种的珍惜古老月季品种进行展示，（全世界也就200多种）园中还有珍藏一株300多年的古老月季王。

北京立体书博物馆为全球第一座立体书博物馆，拥有大规模的各类别珍稀立体书。无论是类型的多元化，还是版本的珍稀性，都足以同时满足资深书迷与初窥堂奥者的需求喜好。其次是丰富精彩的主题展览：馆内定期策划各式生动应景的主题书展，从缤纷多彩的花卉主题、家喻户晓的童话故事主题，到新奇有趣的万圣节主题与传统温馨的圣诞节主题等风格鲜明的主题，让所有年龄层的大小朋友，都能够同时悠游于历史、文学、科普、奇幻、建筑、艺术等领域，涵盖多元与变化丰富的主题展览中。

中国主要月季园

名　称	所在地	建立年代（年）	面积（hm²）	品种数量（个）
中国科学院植物研究所北京植物园月季园	北京市	1955	6.67	600
陶然亭公园月季园	北京市	1962		50
天坛月季园	北京市	1963	1.40	500
首钢月季园	北京市石景山	1981	7.00	300
深圳月季公园	广东省深圳市	1983	13.00	300
焦作市月季园	河南省焦作市	1983	15.83	700
淮安月季园	江苏省淮安市	1986	4.90	500
莱州月季园	山东省莱州市	1987	0.75	300
郑州月季园	河南省郑州市	1989	7.70	1000
北京植物园月季园	北京市	1993	7.00	1100
常州紫荆公园国际月季园	江苏省常州市	1996	0.58	1000
石家庄月季公园	河北省石家庄市	2003	8.70	500
沈阳博览园月季园	辽宁省沈阳市	2004	1.00	3000
上海植物园月季园	上海市	2004	3.40	400
北戴河月季园	河北省秦皇岛市	2008	1.21	60
苏州盛泽湖月季园	江苏省苏州市	2008	53.3	1000
太仓恩钿月季园	江苏省太仓市	2009	15.30	700
泗阳月季园	江苏省淮安市	2009	19.98	500
莱州中华月季园	山东省莱州市	2010	13.30	1500
南昌滨江月季园	江西省南昌市	2011	10.00	100
辰山植物园月季园	上海市	2011	0.6	500
南阳月季博览园	河南省南阳市	2012	33.3	1200
南阳月季公园	河南省南阳市	2012	11.1	238
三亚亚龙湾国际玫瑰园	海南省三亚市	2012	183.67	50
爱情海月季文化园	北京市大兴区	2013	43.33	100
杭州花圃月季园	浙江省杭州市	2013	0.90	100
三门峡涧河月季园	河南省三门峡市	2013	4	300
2016世界月季洲际大会主题公园	北京市大兴区	2014	40	1700
纳波湾月季品种园	北京市大兴区	2014	13.3	2000
南京玄武湖月季园	江苏省南京市		0.70	200
中国古老月季园	北京市大兴区	2014	44	180
世界月季博览园	四川省绵阳市	2015	60	68
四川绵竹国家玫瑰公园	四川省绵竹市	2018	900.78	3100
南阳世界月季大观园	河南省南阳市	2019	102.9	4000

中国月季（玫瑰）之乡

中国月季之乡——南阳

　　南阳市位于河南省西南部，豫鄂陕三省交界处。南阳地处南北气候过渡带，四季分明，雨量充沛，气候温润，生态良好，南北植物兼容，特别适合月季、玉兰等花卉苗木的生长和繁育。南阳月季栽培历史悠久，始于汉唐，兴于明清，发展于当代。1995年，月季被评为南阳市花。2000年，南阳市被国家林业局、中国花卉协会命名为"中国月季之乡"。

　　近年来，南阳市委、市政府把以月季为主的花卉产业作为富民产业、朝阳产业、脱贫产业，高位推动月季产业发展，通过月季花会的持续举办，南阳月季已开遍大江南北、飘香世界各地。目前，全市月季种植面积10万亩，年出圃苗木8亿株；现有月季花卉企业466家，月季专业经济合作组织6家，其中年产值千万元以上的龙头企业18余家，从事月季生产人员超过10万人。以南阳月季基地、南阳月季集团、南阳月季合作社等花卉企业为龙头，建成了全国最大的月季苗木繁育基地。南阳月季供应量占国内市场的80%，占出口总量的70%。南阳主要培育有大花月季、丰花月季、藤本月季、地被月季、微型月季、树状月季等多个类型。栽培品种有'绯扇''粉扇''希望''绿野'等2300余种，月季色系有白色、黄色、橙色、粉红、红色、复色等10个色系，其中树状月季属全国首创。南阳月季花型大，花径可达16厘米；生根容易、生长速度快、品种繁多。月季嫁接扦插愈合快、生根快，比其他地方繁育时间缩短三分之一，繁育效率高、产量大、市场占有量大。

　　为促进月季产业发展，加快新品种研发，提升南阳月季知名度，成立了南阳月季研究院，南阳师院开设了月季栽培及应用等课程。南阳市参加了北京大兴2016年世界月季洲际大会，建立南阳月季展园，参展月季荣获多个奖项。在中央党校栽植树状月

 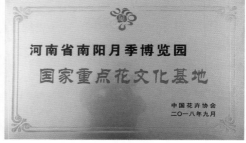

左图 2009中国月季龙头企业　**右图** 2018花文化基地

季410株，花柱花球等造型藤本月季10株；在中国林业科学研究院建立占地500平方米的月季展园，共栽植大花月季、微型月季、藤本月季等名优品种30多种；在北京奥林匹克公园建成占地3.6亩的月季园，共栽植树状、古桩、藤本、大花、丰花等多种月季9800多株，打造精品月季园林景观。当前，南阳市正全力筹办2019世界月季洲际大会，打造世界月季名城。到2020年，全市月季、玫瑰规模面积由现在的10万亩发展到15万亩，第一、二、三产业产值达到100亿元。

中国玫瑰之乡——平阴

平阴玫瑰栽培历史悠久，据史书记载集中栽植始于汉朝，迄今已有2000多年的历史。明万历年间，翠屏山宝峰寺僧人慈净种植玫瑰于翠屏山周围，后繁衍扩大。明末已开始用玫瑰花酿酒、制酱。清末已形成规模生产，清末《续修平阴县志》载有：《平阴竹枝词》曰："隙地生来千万枝，恰似红豆寄相思。玫瑰花放香如海，正是家家酒熟时"。民国初年《平阴乡土志》载："清光绪二十三年（1907年）摘花季节，京、津、徐、济宁客商云集平阴，争相购花，年收花三十万斤（150吨），值银五千两"，这一时期栽植玫瑰花盛极一时。新中国成立前，玫瑰花一般栽植在沟边、地堰或山坡，没有大田种植，只收不管，任其自然生长。新中国成立后，国家采取各种有效措施，大力扶持玫瑰花生产，1957年把玫瑰花列入统购物资，提高花价，调动了广大农民种花积极性。1959年，国家在玫瑰镇设立第一个平阴县玫瑰研究所，配备技术人员、试验仪器等，对平阴玫瑰进行系统科学研究；同时，开始在水土条件较好的良田内，进行集约型大田栽植。

1966年，平阴玫瑰研究所嫁接繁殖玫瑰实验成功，使玫瑰花产量大幅度增长，由萌生玫瑰亩产75～125千克，嫁接玫瑰亩产提高到150～175千克。1978年，平阴县政府调整种植产业结构，公社党委和农村经济委员会积极组织实施，玫瑰花面积达到1280亩，到1980年猛增到6855亩。1985年，平阴县政府制定大力发展玫瑰花的激励政策，即：每在粮田栽植1亩嫁接玫瑰减少50千克粮食订购任务，并补助100元苗木费。当年全县玫瑰花面积达到9300亩。

2002年，遵照花农、加工户、客商三者利益兼顾的原则，成立了平阴县玫瑰花协会，有效稳定了鲜花市场，促进玫瑰产业快速发展，玫瑰镇玫瑰花面积发展到1.5万亩，并带动了周边乡镇大力发展，平阴全县玫瑰面积达4万亩。玫瑰花系列产品开发也如火如荼，各种玫瑰产品品种近20种，并获得国家绿色食品发展中心颁发的"玫瑰干花蕾绿色食品A级证书"。

2003年国家质量监督检验检疫总局通过平阴玫瑰原产地域产品保护申请，对平阴玫瑰实施原产地产品保护。2009年，国家工商总局批准"平阴玫瑰"为地理标志商标。2010年3月，卫生部批准平阴玫瑰花（重瓣红玫瑰 *Rosa rugosa*）作为新资源食品，进行生产经营。

2018年，平阴玫瑰入选山东省"三朵金花"，平阴县入选全国农村一、二、三产业融合发展先导区、全国玫瑰产业知名品牌创建示范区。6月11日，国家林业和草原局批复依托山东华玫生物科技有限公司组建"玫瑰工程技术研究中心"。山东华玫生物科技有限公司开展研究中心规划设计，规划建筑面积5500平方米，总投资6190万元。2019年1月11日，国家林业和草原局玫瑰工程技术研究中心在山东华玫生物科技有限公司正式揭牌，加快玫瑰技术研发、成果转化、产业发展和人才培养工作。

中国月季之都——莱州

山东省莱州市依山傍海，气候温和，土质肥沃，是月季花的理想生长发育之地，是中国月季花的主要产区。据史料记载，莱州栽培月季可上溯到明洪武二年，至今已有640多年历史。早在明清时期，莱州生产的商品月季花通过水道和陆路，南销江浙，北运天津、长春、哈尔滨及佳木斯一带，并作为贡品被运进京城，栽种到皇宫里的御花园中。

1987年，莱州市投资百万元，在市内莱州路与文化路交叉点的西南侧，建成占地11.25亩的莱州月季园。1990年，莱州市人大常委会确定月季花为莱州市花，将每年的5月25日确定为莱州市月季花节，1990年至2018年已连续举办28届。1995年，在北京人民大会堂举行的首届"百家中国特产之乡"命名大会上，莱州被农业部、国家林业局、中国优质农产品开发协会等部门命名为"中国月季花之乡"。1999年，在"1999年昆明世界园艺博览会"月季专项展中，莱州送展月季品种202个，获得奖牌27枚，金牌数和奖牌总数均列世博会月季专项展第一名。同年10月，莱州市选送的'粉和平''蓝丝带''红双喜''黑旋风'等月季花被认定为中国国际农业博览会名牌产品。2010年1月，莱州月季获得国家地理标志证明商标。

2010年5月30日，在北京植物园"山东莱州中国月季之都"授牌仪式暨新闻发布会上，世界月季联合会主席西娜·哈里斯、中国花卉协会月季分会会长张佐双共同为莱州市授牌。

"朱红万亩竞相开，要看月季莱州来"。2010年5月，莱州月季主题公园中华月季园开园，吸引60多万海内外游客游览观赏。该园栽植杂交茶香、丰花、藤本、微型、蔓性5大类，7个色系、20多万株月季，分为欧美月季种植区、现代月季种植区、种质资源库和采穗圃四大区域。全区栽植面积3000余亩，月季鲜切花大棚150多个，园区内建立的月季种植资源库现已保存收集1200多个品种，年产月季600多万株，畅销全国29个省市自治区，出口至欧美、日韩等国家和地区。

中国月季城市（市花）

　　月季、玫瑰适生性广，易栽培，深受人们的喜爱，一些国家或城市纷纷选择月季或玫瑰作为国花或市花。月季与玫瑰是目前全球入选国花或市花率最高的两种花卉。如英国、美国、保加利西、捷克、罗马尼亚、伊朗、伊拉克、叙利亚、卢森堡等均以月季为国花。中国有北京、天津、郑州、南阳等75个城市选择月季或玫瑰作为市花；有沈阳、拉萨、乌鲁木齐等11个城市选择玫瑰作为市花。其中，月季市花入选率排名入选34种市花之首，比入选排名第二的杜鹃花（21个城市）高出54个城市。玫瑰的市花入选率排名入选34种市花并列第四位（玫瑰、菊花、茶花均为11个城市）。可见，月季与玫瑰在大众中的观赏认知度远远高于其他传统名花。（详见附表）

万绿丛中月季红

以月季、玫瑰、黄刺玫作为市花的城市

省区	城市	市花	省区	城市	市花
北京市	北京市	月季	天津市	天津市	月季
河北省	石家庄市	月季	辽宁省	大连市	月季
	唐山市	月季		锦州市	月季
	邢台市	月季		辽阳市	月季
	保定市	月季		葫芦岛市	月季
	廊坊市	月季		沈阳市	玫瑰
	邯郸市	月季		抚顺市	玫瑰
	沧州市	月季		阜新市	黄刺玫
	南皮县	月季	贵州省	凯里市	月季
	承德市	玫瑰	安徽省	芜湖市	月季
江苏省	常州市	月季		安庆市	月季
	宿迁市	月季		阜阳市	月季
	淮安市	月季		淮南市	月季
	泰州市	月季		宿州市	月季
	太仓市	月季		淮北市	月季
	邳州市	月季		蚌埠市	月季
	句容市	月季	福建省	莆田市	月季
	如皋市	月季	江西省	新余市	月季
	海门市	月季		南昌市	月季
山东省	青岛市	月季		鹰潭市	月季
	淄博市	月季	河南省	郑州市	月季
	邹城市	月季		商丘市	月季
	莱州市	月季		焦作市	月季
	滨州市	月季		濮阳市	月季
	乳山市	月季		漯河市	月季
	潍坊市	月季		灵宝市	月季
	寿光市	月季		三门峡市	月季
湖北省	沙市	月季		平顶山市	月季
	恩施市	月季		南阳市	月季
	枣阳市	月季	陕西省	韩城市	月季
湖南省	衡阳市	月季		咸阳市	月季
	郴州市	月季		铜川市	玫瑰
	益阳市	月季	甘肃省	天水市	月季
四川省	德阳市	月季		平凉市	月季
	绵阳市	月季		金昌市	月季
	西昌市	月季		兰州市	玫瑰
	江油市	月季	新疆维吾尔自治区	乌鲁木齐市	玫瑰
宁夏回族自治区	石嘴山市	月季		奎屯市	玫瑰
	银川市	玫瑰		库尔勒市	玫瑰
山西省	长治市	月季		石河子市	月季
	运城市	月季	浙江省	慈溪市	月季
	晋中市	月季		乐清市	月季
吉林省	吉林市	玫瑰		义乌市	月季
内蒙古自治区	赤峰市	玫瑰			

世界月季名城（南阳）

南阳是月季的故乡，月季是南阳的市花。

近年来，南阳市中心城区大规模种植月季，绿化美化城市。2012年，南阳市借助第七届全国农民运动会（以下简称全国农运会）举办，实施"优美花城"行动计划，以南阳体育场、南阳机场、火车站区域等重要部位为点，以市中心城区主要道路、功能区为线，以公园、游园、单位庭院为面，大范围种植月季，栽植各类月季400多万株。自2013年第四届南阳月季花会举办以来，每年向广大市民免费赠送月季10万株以上，让月季走进平常百姓家，实现家家养花、户户芳香。在月季养护管理上，由各级园林、林业部门负责，印发月季养护技术要点，举办月季管理培训班，开展

上图 南阳体育中心月季园
下图 南阳市月季花墙

冬季月季修剪技能大比武活动，提高城市月季种养水平。

2017年，南阳市抓住世界月季洲际大会举办之机，编制"世界月季名城建设方案"，建设"一主两副"月季园（南阳世界月季大观园、南阳月季公园、南阳月季博览园），抓好中心城区月季游园规划建设以及主要道路、街道、公园、景观节点月季的增植美化工作，抓好中心城区高速、国省道出入市口的特色月季景观建设，实施县城"三个一"月季工程（一条月季大道、一个月季游园和一处月季基地），扩大品种和数量，推进月季园林应用，致力于建设世界月季名城。中心城区共栽植各类月季1300多万株，精心打造30条月季大道，60个月季游园，20个月季社区，100个月季庭院。现在的南阳，无论是道路、游园，田园、街角，还是小区、校园，随处可见五彩缤纷、竞相争妍的月季，形成了月月有花开、四季花常在的生态城市美景。

7

月季大事

　　世界月季区域大会、世界月季洲际大会是由世界月季联合会主办，各成员国承办的全球月季届最高级别盛会，每三年举办一次。参加国为世界月季联合会所有成员国。2010年以来，在我国先后举办三次，分别是2010年在江苏省常州市举办的世界月季区域大会，2016年、2019年在北京市大兴区、河南省南阳市举办的世界月季洲际大会。2005年以来，中国花卉协会月季分会先后在郑州、沈阳、北京、江苏、三亚、莱州、德阳、南阳主办了九届月季展。

北京大兴区世界月季主题公园

世界月季区域大会

2010年4月28日-5月20日，2010世界月季区域性大会暨第四届中国月季花展在江苏省常州市举办。本届月季花展以"和平、和谐"为主题，也体现了中国建设和谐社会的主题。月季展览改变了原来的地铺展示方式，新设了展台布置，同时在奖项设置上增加了展台布置奖，使得盆栽月季的展示更为艺术化。

4月28日上午，在常州市紫荆公园举行开幕式。中国花卉协会会长江泽慧、世界月季联合会主席西娜·哈里斯等50个城市和单位、17个国家200余人，参加开幕式及有关活动。

本届展会国内有50个参展城市和单位分别围绕"和平、和谐"这一主题结合地域文化，建成月季景点和景区42个、月季精品展台50个、月季插花作品64个、月季书画作品85幅、月季摄影作品100幅，同时还展出了近年来国内培育的月季新品种。展会期间，举办为期1天半的主题论坛，来自国内外15位专家分别围绕"中国古老月季与世界月季""月季城市与月季园""月季遗传与育种"等内容进行了主旨演讲。

西娜·哈里斯说，中国是许多月季品种的发源地，中国月季为世界月季史的发展作出重要贡献，此次盛会将全世界喜爱月季的人们聚集到一起，一定会促进国际行业间的广泛交流。

大会主会场紫荆公园里种植1200多个品种5万余株月季，常州市的8个展区作为公园的永久性景观，常州市民和境内外游客可以在这里欣赏到绚丽多彩、丰富多样的月季花。

上图 江苏省常州市2010世界月季区域性大会开幕式

下图 江苏省常州市紫荆公园

世界月季洲际大会

2016 世界月季洲际大会

2016年5月18日－24日，世界月季洲际大会暨第14届世界古老月季大会、第七届中国月季展和第八届北京月季文化节"四会合一"在北京市大兴区魏善庄举办。本届大会以"美丽月季美好家园"为主题，由世界月季联合会、中国花卉协会和北京市政府主办，中国花卉协会月季分会、北京市园林绿化局和大兴区政府承办。

大会标识

大会标识"花绘北京"，设计理念源于月季。由缤纷色彩构成的月季花瓣组成的月季花，充分体现出月季尤其是中国月季品种多样、色彩丰富的特点。此外，大会标识还借用中国画的元素，凸显举办国的文化特色。其缤纷炫彩的视觉效果既与大会主题相呼应，又可搭配"花绘北京"系列口号"惠""汇""卉"应用于不同场合。

大会吉祥物

吉祥物的设计理念源于麋鹿，整体外观设计形象生动、活泼，有利于后期的延伸设计和商业开发。麋鹿是北京的特色物种，是世界稀有动物，在历史上有深远的影响力和深厚的文化底蕴。位于月季洲际大会举办地大兴的麋鹿苑曾经是清朝的皇家狩猎场，麋鹿也是大兴区的代表性动物。本届大会打破往届以花卉植物为原型的设计理念，以动物作为吉祥物，体现了人、植物、动物和谐的生态关系。

大会纪念邮资明信片

2016年5月18日，中国邮政发行《2016世界月季洲际大会》纪念邮资明信片1套1枚。编号：JP217；图名：2016世界月季洲际大会；明信片面值80分；明信片邮票规格：31毫米×38.5毫米；明信片规格：165毫米×115毫米；版别：胶印；设计者：张洋俭、范思来；原画作者：孙传哲；发行量380万枚。纪念邮资明信片设计思路以天坛为背景表现北京这一主题，又以月季博物馆凸显此次盛会，再以北京市市花月季花元素显示出2016年世界月季洲际大会在北京召开的重要意义，配以此次邮资明信片专门设计的月季花邮资图，具有较高的收藏价值和艺术价值。

贤者云集

世界月季联合会主席凯文·特里姆普、国家林业局副局长彭有冬、北京市副市长林克庆、中国花卉协会副会长刘雅芝出席大会开幕式，现场云集来自全球40多个国家的800余位月季专家大咖、行业人士和月季爱好者。

2016年5月19日至23日会期之中，来自全球月季大咖们举行了20余场主题演讲；中国月季产业论坛、中国月季展等国内主题活动同期举行，面向全球展示了绿色中国、生态北京的美好形象。

世界月季联合会主席凯文·特里姆普说："这是历史上最好的一场月季盛会之一，给参会者留下了深刻印象。"一流的环境、一流的服务让凯文·特里姆普对此届月季盛会赞不绝口。他更进一步希望这次月季盛会能够为全球热爱月季的人提供一个交流互通的平台，让月季成为使者，架起中国与世界沟通的桥梁，推动全球月季育种、月季产业与月季文化蓬勃发展。

从古老月季的演变传承，到现代月季的栽培演化；从纯种月季的收集保护，到野生月季潜在价值；从全球月季园区的经营交流，到月季产业的持续发展，大会期间，举行了16场高端国际学术报告会和一场国际育种论坛、一场产业论坛，各路精英汇聚一堂，畅所欲言，可谓月季界的"百家争鸣"。

世界上月季品种最多的桑格豪森欧洲月季园负责人汤姆斯·霍尔讲述了世界"月季基因库"中原种月季的收集与保护；澳大利亚月季专家帕特里西亚·图兰阐释了古老月季品种的鉴别与保护；我国获得过美国园林玫瑰大师奖的月季专家王国良也登上讲台，向世界讲述茶蘼的传奇故事。堪称传奇的法国"月季世家"梅昂家族、世界古老月季最著名权威专家Helga Brichet，世界月季DNA基因序列研究权威帕斯卡都来到大兴魏善庄，参与大会活动，带来世界月季最前沿的研究成果。在中国月季产业论坛上，来自北京、河南、云南、江苏等40个省、市、区的200多位专家学者、行业精英，共同探讨中国月季产业未来发展大计。

大会场馆

大会整体会馆由"四园一馆一中心"组成，"四园"分别为月季主题园、月季品种园、月季文化园以及古老月季文化园；"一馆"指的是全球首座月季博物馆；"一中心"就是月季大会会展中心。2000余种月季按照颜色不同，搭建出具有层次过渡感的造型，并专门做了一块月季七彩梯田。在月季品种园，游客可以看到最珍贵的古桩月季，也就是将最名贵、最漂亮的月季品种嫁接于百年古桩之上，达到"老树年年着新花，野外庭前一种春"的新境界。

2016世界月季洲际大会

    大会期间，全球首座月季博物馆惊艳亮相，该馆分为历史、科学、文化、世界、人物、园林、生活、展望八个主题板块，完全打破了常规的展览形式，视觉、触觉、嗅觉、听觉各种感官都会被调动起来。在这里，游客们可以漫步汉代的仿真月季庭院，欣赏汉武帝时的花圃；可以行走于蝶恋花走廊，通过人体捕捉技术，穿上一件美丽的月季花衣裳；可以在试听体验区，聆听歌声里的月季花；还可以触摸着"月季花谷"的观众扶手，欣赏现场喷出的水露月季香水，置身花香四溢的氛围之中。

    在该博物馆中，游客一次可以看够世界上所有的月季品种。一座独立的直径10米的圆形空间，墙面及屋顶镶嵌了3万多根亚克力透明发光柱，柱头再嵌有3万余种颜色、花型各异的品种月季花模型，观众既可体会视觉上冲击，更能感受在点数辨别而不乱的记忆乐趣。

    以月季博物馆为支点，辐射周边"四园一馆一中心"，月季博物馆与周边月季园区和地方文化历史已经实现了资源共享，形成合力，优势互补，交相辉映，在注重公共性、开放性、文化性和娱乐性的深度开发的同时，丰富了博物馆文化品位。

名花汇聚

    在2016年世界月季洲际大会举办期间，主会场月季主题园及分会场古老月季文化园、纳波湾月季品种园和爱情海月季文化园中的月季花进入盛花期。在月季园区中，不仅能够看到国内外很罕见的月季品种，比如身价超过百万的古桩月季，一棵古桩可以实现多种颜色的月季花竞相开放。同时，还有百余种古老月季也是首次集体亮相。其中，最古老的月季品种'小果蔷薇'距今已有2500万年的历史。

    以最"高龄"古老月季——300多岁的大花香水月季、现代月季鼻祖——法兰西月季、最昂贵月季——古桩月季、最香和最抗寒的中国自育月季品种——'甜蜜的梦'和'火焰山'、最罕见月季——北京'和平'为代表的2000多个月季品种在大兴区竞相开放，游人漫步花丛中，闻香识月季，人与花相映成趣，浑然天成。

大会成效

大会期间，主举办地魏善庄镇旅游接待人数23.57万人次，收入998.24万元；其中，月季主题园接待人数9.11万人次，室内展接待人数4.74万人次，月季博物馆接待人数9.39万人次。门票收入325万元，市场开发总价值2000余万元。一是魏善庄核心区域内基础设施和配套设施得到整体提升；二是积极营造市花环境，区域呈现多彩的月季景观，生态环境得到整体提升；三是通过市场化运作模式，吸引社会各界广泛参与月季产业发展和月季小镇建设，推动一产向三产融合发展，促进农业产业结构调整；四是以月季博物馆为支点，以文化为核心，逐步构建"泛博物馆"城市多元体系，积极探索新型城镇化建设和可持续发展模式，引领北京南城发展。

2019 世界月季洲际大会

南阳是中国月季之乡，月季是南阳的市花。申办世界月季洲际大会，是贯彻落实习近平生态文明思想和党中央提出的建设生态文明战略举措的具体行动，是加快月季产业发展步伐，打造"南阳月季甲天下"品牌，以花为媒，兴花富民，进一步提高南阳的知名度、美誉度和影响力的有效载体。为此，2016年5月启动工作。5月19日，在北京2016世界月季洲际大会举办期间，南阳市领导与中国花卉协会月季分会会长张佐双共同向世界月季联合会主席凯文·特里姆普先生、海格·布里切特女士（前主席）作初步汇报。2016年9月9~11日，世界月季联合会考察组莅宛，对南阳市申办2019世界月季洲际大会进行专题考察。通过实地考察、座谈和听取汇报，考察组一行对南阳市申办工作和月季产业发展给予肯定。经过大量艰辛而卓有成效的工作，在当年的10月2日，世界月季联合会发文同意2019世界月季洲际大会在中国南阳举办，自此，开启了世界月季洲际大会的"南阳时间"。

大会筹备

自2016年南阳取得2019世界月季洲际大会承办权以来，市委、市政府高度重视大会筹办工作，把其作为推动南阳实现大突破、大跨越、大发展的重要机遇，作为建设大美南阳、活力南阳、幸福南阳的重要载体，列入重要议事日程。市委、市政府专门成立了书记任政委、市长任指挥长的高规格筹备工作指挥部，精心制订工作方案，周密安排部署，强力推动各项筹备任务落地落实。先后相继启动了南阳世界月季大观园建设、中心城区月季特色景观提升、月季产业景观带提升建设带、名优新月季品种引

2019年世界月季洲际大会筹备工作动员会　　　2019年世界月季洲际大会筹备工作指挥部

进、南阳月季博览园改造、拆墙透绿等一大批建设工程，强力推动各项筹备工作快速有效有序开展，确保将2019世界月季洲际大会筹办成一届特色彰显、美轮美奂、精彩圆满的世界级月季花事盛会。

2017年12月28日，南阳市政府召开新闻发布会，通报2019世界月季洲际大会筹备工作有关情况。2019世界月季洲际大会将于2019年4月28日至5月2日在南阳市举办。大会以党的十九大精神和习近平新时代中国特色社会主义思想为指导，以"月季故里·香飘五洲"为口号，围绕"以花为媒，文化为魂，交流合作，绿色发展"宗旨，坚持"精彩隆重，务实节俭，安全有序"原则，注重月季产业与国际合作，集中展示中国月季事业发展的新成果、新成就和月季园林应用、标准化生产基地建设水平，深化国际领域月季栽培、造景、育种、文化等方面的交流合作，弘扬月季文化，展示南阳新形象，开发旅游新领域，打造文化软实力，建设世界月季名城，打响"南阳月季甲天下"品牌，努力办出一届高质量、高品位，特色彰显，世界惊艳，精彩圆满的世界级月季盛会，为南阳建设重要区域中心城市做出新贡献。

大会主题口号、会徽、吉祥物

2019世界月季洲际大会期间将举办开幕式、国际月季学术交流、"月季+乡村振兴"高端论坛、月季专类展览、参观考察文化旅游资源、颁奖晚会及会旗交接仪式等活动。届时将邀请世界月季联合会41个成员国的顶级专家学者及月季爱好者、国家有关部委领导、中国花卉协会及月季分会领导、国内月季市花城市的代表、国内有关月季企业负责人、河南省各省辖市代表以及中外新闻媒体记者等莅临南阳参会参展，共襄盛举。

2019世界月季洲际大会主题口号、会徽和吉祥物征集活动，经过面向社会征集、集中讨论、初评、专业评委投票、专题会议评审等程序环节，从征集作品中筛选出入围作品。经2019世界月季洲际大会南阳市筹备工作指挥部充分研究论证并报中国花卉协会月季分会审定后，确认了本次大会的主题口号、会徽和吉祥物作品。

2019世界月季洲际大会主题口号为"月季故里·香飘五洲"。主题口号的寓意一方面强调南阳是中国月季之乡和发源地之一，另一方面突出世界五洲因月季而结缘相聚。

2019世界月季洲际大会会徽由南阳的简称"宛"字艺术化为祥云，与月季融合而成。会徽中的月季生机盎然，表达了花开南阳、绽放精彩的寓意。汉字"宛"为祥云造型，彰显了南阳是中国南水北调中线工程的源头，也是月季的源头，表达了南阳人民与世界各国人民友谊源远流长。会徽简洁生动，内涵丰富，红花绿叶相得益彰，相映成趣。红色寓意南阳欣欣向荣的发展活力，体现了南阳人民热情好客，绿色代表生态环保、宜居南阳，蓝色代表蓝天白云、健康生活理念。

2019世界月季洲际大会吉祥物以月季花为主要原型，并结合绿叶、浪潮等造型运用拟人的表现形式，塑造了一个活泼可爱、活力十足、欢乐吉祥的卡通形象，从而表明了世界月季洲际大会的主题和文化内涵。吉祥物与月季花、绿叶的紧密接触，体现了人类与自然的亲密关系。盛开的红色月季花展示了大会的欢乐与激情，绿叶、浪潮元素表明对绿色中国未来的希望。吉祥物取名"宛宛"，体现了世界月季洲际大会举办地——南阳的地域特征。"宛宛"张开双臂奔跑的造型体现了南阳迎接来自五湖四海宾客的热情，欢乐奔放的形象寓意大会取得圆满成功。

南阳世界月季大观园建设

南阳世界月季大观园是2019世界月季洲际大会的主题园，是大会举办的核心活动区，占地206公顷，主要分为"四区"：月季大会主展区、月季花海游赏区、主题体验区和科研生产区，建设"多园"：月季色彩主题园、国际受赏月季园、品系月季专类园、月季城市展园、月季文化园等。南阳世界月季大观园是展现南阳、联系世界的月季主题园，是绿色为底、花水交融的山水生态园，是共享盛会、参与互动的全民体验园，是开放合作、平台搭建的科研交流园。在南阳世界月季大观园内，主要组织参会各国和国内各省市交流活动，展示月季育种、栽培、造景、文化等方面的研究成果以及新品种、新技术、新应用，为参展国和参展城市推介地区品牌、开展国际交流合作提供平台。同时，将促进城市园林绿化质量的提升和月季产业的发展，使月季真正融入生活，让人民群众享受绿色福利，构建美丽人居环境，提升幸福感。

南阳世界月季大观园鸟瞰图

With my warmest congratulations for this new outstanding Rose Garden
Henrienne de Briey
WFRS President

对杰出的南阳世界月季大观园致以热烈祝贺！
——艾瑞安·德布里 世界月季联合会主席
（比利时）

Congratulations to all involved in the design, construction and opening of this magnificent rose garden which many visitors will enjoy.
Kelvin Trimper AM

向众人尽爱的南阳世界月季大观园的设计者、建造者及工作人员表示祝贺！
——凯文·特里姆普 世界月季联合会前主席
（澳大利亚）

中国月季花展

2005年4月，首届中国月季展览会在郑州举办

中国月季展是由中国花卉协会月季分会主办的国内一级专业花事活动，两年举办一次。自2005年开始已成功举办了8届，在国内具有很强的影响力。主要内容包括学术交流，月季园的营造、月季造景展览、月季盆栽技术展览、月季插花展及新品种展览等。

首届中国月季展览会

2005年4月28日－5月16日，首届中国月季展览会在郑州市举办。本届展会由郑州市政府和中国花卉协会月季分会主办。

4月28日，在郑州市新落成的月季主题公园开幕。展览设月季主题景点展、品种月季展、月季插花展、月季栽培技术展；同时，设布展奖、品种奖、栽培技术奖、新品种奖和插花奖。为配合展览，主办方还与郑州文化部门合作举办月季摄影展、书画和科普展。此外，还举办了"月季仙子"评选活动。中国花卉协会月季分会年会和月季发展论坛同期举行，论坛主要研讨课题为《现代月季》（澳大利亚育种专家劳瑞·纽曼）、《月季保护品种种植》（昆明杨月季园艺公司董事长杨玉勇）、《中外月季文化史比较研究》（江苏省林业科学研究院王国良博士）、《中国古老月季的研究》（北京林业大学赵惠恩博士）等。本次展会来自北京、天津、郑州、深圳、上海、沈阳、乌鲁木齐、石家庄等31个城市38个参展单位的众多月季高手同场竞技，从新品种培育、栽培技术、主题景点建设、插花技艺展示等多个方面展示中国月季产业发展水平。

本届展会呈现三大亮点：第一，昆明杨月季园艺公司生产的切花月季。本次展会上，杨月季公司带来'吉卜赛雄狮''阳光雄狮''皇家巴卡''黑巴克''雪山''雄狮'等10多个月季品种参展，多是法国梅昂公司提供的国际最新流行品种，这些切花月季花大色艳、花枝硬挺，十分美丽。杨月季园艺公司所有展品中最引人注目的是花瓣淡绿色的'冰清'，它是由杨月季园艺公司培育的，我国第一个拥有自主知识产权的月季切花品种。第二，南阳月季基地等单位送展的树状月季。本次展出的树状月季在栽培技术上有很大突破，树状月季更高，也更粗，越来越有"树"的模样。以前培育的树状月季大多比人矮，人们只能低头欣赏；现在培育出的树状月季干高能达到2米以上，胸径多在5厘米以上，不少地栽的树状月季不再使用木支架来支撑。第三，由深圳市人民公园送展的月季树桩盆景，盆景的根桩看起来悬根露爪、苍劲古拙，上面嫁接的微型月季花瓣呈橘红色，开花量有上千朵之多，十分繁密，盆景的冠幅达到1米以上，制作者展示出很高的盆景造型技艺和栽培管理水平。

此次展览共有38个城市、48个单位参展，另有澳大利亚、法国等国外友人应邀参加展览会。展览期间，大会评委为月季新品种、月季栽培技术、月季插花艺术等5个奖项，评出了金、银、铜奖，并进行了颁奖。

第二届中国月季展

2006年5月28日-6月5日，第二届中国月季展在沈阳市植物园举办。本届月季展由沈阳市政府和中国花卉协会月季分会联合主办，中国沈阳世界园艺博览会筹备办公室、沈阳市农村经济委员会、沈阳市农业科学院承办。展会主题是"我们与自然和谐共生"。

参展项目设置为品种月季展、盆栽月季展和月季插花展。月季展期间，召开月季分会六届三次理事会，同时举办月季发展论坛。来自深圳的著名画家陈于化现场作画，一两分钟就画出一幅月季花，他还是一位月季花培育爱好者，可以一边作画一边讲解月季花的故事，他把展览期间绘制的作品也捐赠给世园会。

展期结束后有2000多盆月季在玫瑰园安家，参展方捐赠给世博园以表支持。此次有北京、上海、天津、广东、河南、河北、山东、贵州等16个直辖市、省的60多家月季生产、科研单位和个人参展，展会上的盆栽月季、插花艺术展和盆景艺术展，有近千个品种、3000多株花卉，如此大规模的室内月季展在我国属首次。经过专家评审，

第二届中国月季展沈阳市植物园
月季展区

有39组参展作品获奖，其中盆栽类金奖17个、银奖8个，盆景类金奖2个，银奖2个，插花艺术类金奖10个。安徽省马鞍山市安民村村民黄庆玉，身体有残疾不能来沈阳参加花展，将多年培育的20多盆玫瑰花邮寄到沈阳世博园，并写信表达祝愿。

第三届中国月季展

2008年5月22日－28日，第三届中国月季展在北京植物园月季园内举办。本届月季展由中国花卉协会月季分会、北京市公园管理中心主办，北京市植物园、北京月季协会承办。展会主题是"和平之花迎奥运"。

展会期间，代表们就月季栽培繁殖、遗传育种、产业开发、园林应用等内容进行深入探讨。世界月季联合会主席杰拉德·梅兰、副主席津下孝正出席展览。此外，来自澳大利亚和日本的月季专家也参加了展览。杰拉德·梅兰以"世界月季育种的现状和展望"为题作大会报告。来自北京、河南、云南等地的国内专家就我国月季科研和产业发展的现状发表演讲。杰拉德·梅兰代表世界著名育种家法国的阿兰·梅昂先生，将一株在欧洲三次得奖的品种命名为"恩钿夫人"，以表彰和纪念为中国月季事业做出历史贡献的"月季夫人"蒋恩钿女士，以此对中国在现代月季育种中做出的贡献表示感谢和认可。

第三届中国月季展北京植物园月季园区

本届展会共有来自全国的65个单位参加盆栽月季、露地月季造景展、月季插花展、月季新品种展和月季文化展。石家庄市参展的"玫瑰之语"占地500平方米，景点用玫瑰婀娜多姿的身形为人们营造了一幅充满花趣的庭院画卷。鲜花簇拥下的木制小屋、以月季书画为背景的月季花墙，院落中的小桥造型与藤本月季形成的月季拱门交相呼应，充分展示了月季的优美姿态。"玫瑰之语"景点获得本届月季展最高奖特等金奖。

第五届中国月季花展

2012年12月12日－15日，第五届中国月季花展暨首届三亚国际玫瑰节在亚龙湾玫瑰谷举办。花展主题是"玫瑰开三亚·浪漫满天涯"。12月12日举行了开幕式，除了国内的有关领导和嘉宾，参加开幕式的还有来自美国、法国、荷兰、泰国、澳大利亚、比利时、俄罗斯等10个国家和地区的嘉宾，以及北京、上海、天津、重庆等25个城市的代表。

花展分为主题活动、文化活动、学术活动、传播活动四大版块。主题活动包括造景艺术展、盆栽精品展、新品种展、花艺展、产品展等内容；文化活动包括2012年三亚玫瑰新娘婚纱摄影大赛、玫瑰花茶采茶展演等；学术活动包括2012年中国（三亚）国际月季、玫瑰论坛，月季、玫瑰花艺讲座，热带地区玫瑰花种植新技术讲座等。12月13日晚，举行了隆重颁奖晚会，颁发"玫瑰新娘"婚纱摄影大赛最佳上镜奖、盆栽月季精品展金奖、古桩月季金奖、树状月季金奖、插花艺术展金奖、造景艺术展金奖、中国月季终身成就奖和中国月季杰出贡献奖等奖项。

本届花展共有10个国家、国内25个城市、35个单位参展，展区面积230亩，规模为历届之最。花展结束后，国内25个城市和国外5个国家的月季、玫瑰造景艺术展长久保留供游人观赏。

第六届中国月季花展

2014年5月25日，第六届中国月季花展暨第二十四届莱州月季花节在莱州市举办。花展主题是"中国月季·美丽莱州"，共分为含苞待放、绽放迎客、华夏丽影、墨彩芬芳、创新探索、握手留香6大篇章。这是中国首次在县级市举办月季花展。

本届展会活动包括室外月季景点展、月季精品展、月季书画展、月季摄影展、月季文化节科普教育等内容；文化活动包括莱州民俗表演、莱州市第九届青年集体婚礼、莱州全市京剧、吕剧票友展演、莱州市非物质文化遗产展示等系列活动；学术活动包括月季产业研讨会等多项商务经贸活动同期进行。同时举办了胶东半岛大型专业性汽车展销盛会——中国（莱州）国际汽车展览会。

张佐双致辞说，莱州是月季的乐土，莱州人民与美丽的月季花相依相伴600多年，每年5月25日的月季花节已成为民间传统节日。本届展会以"中国月季·美丽莱州"为主题，充分展示了莱州悠久的月季栽培历史和灿烂的月季文化。在本次展会的推动下，未来的莱州月季产业一定会快速升级，再创新的辉煌。他表示，多年来中国花卉协会月季分会团结带领全国月季界的同行，在月季的应用推广、品种培育、科学研究、产业提升、月季文化弘扬和国际交流等方面做了大量工作，月季事业正在全国蓬勃发展。目前，全国以月季为市花的城市已超过50个，这次展会一定会为中国的月季事业写下浓墨重彩的一笔，为中国月季事业的发展创造新的契机。

开幕式前，与会人员参观了中华月季园。2014年，莱州市在中华月季园内新建包括北京园、三亚园、莱州园在内的10个新景点供游客观赏。园区内建立的月季种植资源库保护收集1500多个月季品种，其中所发掘保护的中国古老月季更是月季中的活化石，是现代月季的鼻祖。中国古老月季活体存世极少，中华月季园内已收集20多个品种。

2015 年中国（南阳）月季花展

2015年4月28日-5月3日，由中国花卉协会支持，中国花卉协会月季分会、河南省花卉协会主办，南阳市花卉协会承办，卧龙区、宛城区、城乡一体化示范区、南召县、高新区、鸭河工区、市林业局、市城管局、市旅游局协办的中国（南阳）月季展，4月28日上午在市体育场西门外南阳月季园举行。花展主题是"缤纷月季，美丽家园"。开幕式上，南阳市邮政部门设计的《花中皇后 南阳月季》（第三组）个性化邮票揭幕发行。

中国花卉协会及月季分会有关领导和专家，全国各省市区花卉协会代表，河南省花卉协会、各省辖市花协有关领导和专家，参展城市代表，国内知名园林科研单位和园林规划设计部门代表，国内知名旅行社负责人400余人参加月季展。

本届展会开展八大主题活动：一是参观月季生产基地。组织参观南阳月季基地、东改线月季生产基地、南阳月季集团、南召玉兰生态园、南阳豫花园等精品月季及花木园区，宣传推介南阳花卉苗木产业。二是月季新品种、盆栽精品月季展。邀请北京、江苏、山东等7省12城市25家知名月季研究所和月季企业以及南阳16县区62个单位参加月

2015年4月中国（南阳）月季展开幕式及颁奖仪式

季展评，展出精品盆栽月季千余盆、盆景月季百余盆、月季新品种近百个。评出盆栽月季、盆景月季、新品种月季特等奖、金奖、银奖57个。三是全国花卉信息会。节会期间，举办了全国花卉信息工作会，加强花卉产业信息化管理，充分运用信息技术方法、手段和成果，加快现代花卉产业发展。四是花卉产品、森林食品及盆景艺术展。组织省内外121家单位参加花卉产品、森林食品、盆景艺术展，加快南阳名特优花卉产品、森林食品"走出去"步伐。五是百万人游南阳赏月季活动。以节会促旅游，开展游南阳赏月季活动，节会期间有800多个品种、数百万株月季竞相绽放，游客人数110余万人，人们游园赏景、品味月季绰约芳姿。六是月季合作项目签约。邀请国内知名花卉苗木企业、绿化企业和林产加工企业，进行月季、花卉苗木和林产加工项目合作签约，现场签约合作、交易项目79个，总金额55.8亿元。七是月季摄影文化展。以"月季·园林·生活"为主题，展出优秀月季摄影作品，展示丰富的月季文化内涵。八是月季赠送活动。连续三年免费向广大市民赠送月季，市林业局、卧龙区等6个单位共赠送月季18万盆。

第八届中国月季展

2018年9月28～29日，第八届中国月季展在四川省德阳市绵竹市举办。本届展会由中国花卉协会月季分会和德阳市政府主办，德阳绵竹市政府、北京银谷控股集团有限公司承办。展会主题是"浪漫玫瑰·香约德阳"。

本届展会在绵竹市中国玫瑰谷规划建设室外展园和室内展园，室外展园由各参展城市（单位）结合自身特色规划建设，室内展园规划有盆栽月季精品展区、月季新品种展区、月季插花艺术展区、月季书画摄影等特色展区，并配套建设玫瑰城堡、玫瑰湖、玫瑰岛、花城画廊、花语禅境等特色建筑和特色景观。共有北京、沈阳、南阳、西安、兰州、成都、郑州等40个城市及单位参展。经专家评选，分别评出金奖、银奖和铜奖。

展会的吉祥物"阳阳"和"竹竹"是一对兄妹，以绵竹年画娃娃为设计原型，结合德阳地区的三星堆文化元素和绵竹年画艺术，突出月季特点，通过拟人手法变化成两个喜庆活泼、勤劳真诚、热情可爱的园丁小兄妹卡通形象，展现出德阳、绵竹浓厚的历史文化底蕴和人们对幸福生活的美好憧憬，动态地传递了第八届中国月季展喜迎四海宾客，香约德阳绵竹的浓浓热情。

展会呈现四大亮点：一是规模大，本届展会位于2560余亩的月季产业园，核心展区900余亩，是历届展会中规模最大的一届。600亩成片绿地高低错落，4000余株观赏乔木一次排开，5千米长的水系穿园而过，给大家带来震撼的观光体验。二是品种多，展会期间为大家展示3100多个月季品种、45万盆盛放的月季，让大家尽情体

同心浇灌

验人在花中、花在画中的意境。三是特色足，本届展会共有北京、南京、兰州、沈阳、成都、西安、三亚等40个城市（单位）参展，一次参观可以遍览大江南北的城市风光，又可以徜徉山水之间；既可以参加丰富多彩的园区活动，又可以参观精美绝伦的月季室内精品展和书画艺术展，为大家呈现一个特色十足的月季展。四是活动内容丰富。本次展会规划了7大类19项具体活动，既有主题鲜明的开幕式、月季产业高峰论坛、颁奖晚会，又有互动参与的现场插花艺术、月季仙子秀、百馆联动文艺演出等活动，让大家享受到丰富的文化盛宴。

此外，第4届中国月季花展于2010年4月与2010年世界月季区域大会在江苏省常州市"两会合一"同期举办。第七届中国月季展2016年5月与2016年世界月季洲际大会在北京市大兴区"四会合一"同期举办。第九届中国月季展2019年4月与2019世界月季洲际大会在河南省南阳市"三会合一"同期举办。内容在有关节进行了具体记述。

8

月季盆景、月季食用

月季盆景

中国盆景艺术历史源远流长，起始于唐代，鼎盛于清朝乾隆、嘉庆年间，历经千百年的演绎，现代盆景艺术既有严格的传承又有探索和创新，在我国园林艺术中因有举足轻重的地位而备受人们喜爱。中国盆景艺术是我国传统盆栽技艺发展到一定阶段，将其与文化艺术相融合的产物，是中华民族在历史文化艺苑中的一枝奇葩，是中国的国粹，在世界园林艺术中因独树一帜而受到国际上的追捧。

当月季与盆景相遇，便为月季的艺术栽培提供了一个崭新的舞台，月季盆景亦成为当代盆景艺术中的新秀，融入庞大的盆景艺术交响乐，共同为中国的盆景艺术谱写新的乐章。

月季的品种浩繁，目前全世界有30000多个品种。"现代月季是人类花卉育种成就上的两大奇观之一"（中国工程院院士陈俊愉2000）。中国月季协会将月季从系统上分为八大类：①杂种香水月季（HT）；②丰花月季（FI）；③壮花月季（Gr）；④杂种长春月季（HP）；⑤微型月季（Min）；⑥藤本月季（Cl）；⑦小姐妹月季（Pol）；⑧蔓性月季（R）。

月季大家族有诸多类群，而且株型多变，从高达几米的藤本到只有30厘米以下的微型；花朵直径从 1～10厘米大小不等；瓣形有单瓣、半重瓣、重瓣之分；花色齐全，除了没有纯黑色，其他颜色均能在色谱中找到它们的位置，并有复色、条纹色、渐变色和表里双色等奇特变化，这是所有花卉与月季无可比拟的重要特征，而且还有诸多野生、根系粗壮、枝干沧桑的蔷薇属植物可作砧木。正因为月季作为盆景材料有如此多的类型，就给盆景制作者开辟了广阔的创作空间、丰富了月季的栽培样式、提升了月季的观赏价值。

通常，人们看到的地栽和普通的盆栽月季，只能目睹它们土表以上的干、枝、叶和花的部分，其实，有些月季植株在长期生长过程中，根部有许多奇特的变化，这些虬曲的根和沧桑的干正是中国盆景艺术刻意追求和要展示、表达的重要内容，而许多月季植株亦具备了这些观赏的条件和价值。

月季盆景艺术在历届全国月季展览会的参评项目中，占有重要的地位。创作者根据植株的基本原型，配以精美的盆钵和饰件，经过匠心独具的精心修剪造型，达到月

壶中月　　　　　　　　　　一壶春

姹紫嫣红　　　　　　　　　　碧玉花香

季艺术栽培的最高境界。每每有外国月季同行到中国参加月季展会，看到展台上精美的中国盆景月季，都现出惊叹的神情：月季竟然可以这样栽种，而且美到了极致。

盆景月季从表现形式上分为：容器小到几厘米的微型盆景、大到1米多的古桩盆景，还有水旱、悬崖、文人、丛林、山石……多种样式。"虬曲沧桑"与"叶碧花香"既是一种强烈的对比美，也寓意着生命顽强的精神美。通过创作者以美学观点为指导、理性的造型艺术表现手法和娴熟的操作技艺，经过提根（甚至多次提根）和整形处理，以及盆钵、石材、饰件的巧妙应用，俨然一幅立体的画映入眼帘、一隅自然的微缩景观浑然再现。给观赏者带来极大的心情愉悦和精神享受，增强了人们对自然的亲近和对生命的敬畏，也为盆景艺术进入千家万户提供了更多的选择机会，极大地丰富了人们的精神文化生活。

（王世光　王小军）

上图左 一支独秀报春来
上图右 江南二月春
下图 花开四季

月季食用

　　月季又称月月红、胜春、瘦客、斗雪红。月季在中外饮食文化中有着多种形式和重要地位。在我国月季可入药，具有很高的医疗价值，《广群芳谱》中说："结子名营实，堪入药。"明代李时珍著《本草纲目》载："月季处处人家多插之，气味甘、温，无毒。主治活血、消肿、解毒。"月季花主要含有萜醇类化合物，花蕾供药用，能调经活血、消肿。根皮能活血、舒筋。消肿散，主治骨折，种子营实能止泻、利水、通络。月季花还可以食用，经厨师烹饪，可制成名菜名汤美味佳肴，上得宴席，招待宾朋。

　　白色月季五行属金，对人的呼吸道有调整作用，特别是吸烟多的人，最适合白色月季。黄色月季五行属土，对人的肠胃有补益作用，可以增加人的食欲。最为适合摆放在餐厅。蓝色月季五行属水，对人的肾和心脏有补益作用，适合摆放在老人房间。绿色月季五行属木。对人的肝脏有调整作用，对人的眼睛特别有益。

　　古罗马在用餐中流行佩戴花冠，常用玫瑰花。以玫瑰花制作的装饰物在花冠以外的许多场合也备受推崇。由于映入斜躺在卧榻上就餐者眼帘的是天花板，因此当时很流行在餐厅的天花板上装饰玫瑰花，此外还在餐桌和地板上也撒满玫瑰花瓣。甚至盛满葡萄酒的金杯玉盏中也漂浮着柔美的玫瑰花瓣，普林尼曾感叹道："如果法莱炉内葡萄酒中没有漂浮的玫瑰花瓣，简直无以令人陶醉。"

　　公元元年前后，古罗马改为帝国制，皇帝们过着奢华无度的生活。尼禄皇经常在建于罗马帕拉第内山丘上的金宫举行豪华盛大的宴会，不但规模壮观，场面也令后世的王者汗颜；宴会间隙，在万众注目下，随着皇帝的一个手势，天花板豁然被打开，玫瑰花瓣从天而降，落英缤纷中镀银的管子不断向桌面喷洒玫瑰香水。地板上落下的花瓣达几英寸厚，厅堂内顿时满室弥漫着玫瑰的芬芳。

月季花养生粥　　　　　　　功效：温中理气，活血调经。

材料：

内热型的人，用月季花+小米煮粥；

干燥型的人，用月季花+玉米煮粥；

体湿型的人，用月季花+薏米煮粥；

更年期，用月季花+紫米或者黑米煮粥。

月季花茶

月季花有疏肝理气活血的作用。一般在春天采摘月季鲜花，将晾晒干透的月季花存放于防潮处，每次取3～5朵泡茶饮用，如果脾胃不好还可加入蜂蜜，如果胃寒怕冷可加入红糖或生姜片，如果是夏季或上火可加入冰糖饮用。

月季饼

月季花加小麦粉、淀粉、蜂蜜或蔗糖等，制成月季鲜花饼，食用起来淡香甜蜜。不同原料配制成不同的口味，成为一道道休闲健康美食。2016年，南阳市三色鸽食品有限公司，发掘融合南阳市花月季文化，创意推出中秋节"月季花香"系列产品，月季花意、月季花开等组合，为中秋节送去美好祝愿。

月季花酱

月季花瓣1000克洗净，再控干水，压碎在1000克白糖中，加水1000毫升水，入锅熬煮，待花瓣变软浸透糖水后，在加入1000克白糖，继续熬煮，直到温度达到105℃。

月季花糕

清晨采半开放的月季花，将花瓣轻轻撕下，按一层花瓣一层白糖的顺序放入小瓷罐或玻璃瓶中，然后按紧、封口，当罐中的糖吸收花瓣中水分而融化，即得月季花糕，可用来做各种甜食馅的配料。

玫瑰挂霜豆腐

【原料】鲜玫瑰花1朵，豆腐2块，白糖、鸡蛋、面粉、淀粉、植物油、青丝各适量。

【制法】将鲜玫瑰花择洗干净，切成丝，放在盘内；豆腐切成小长块；鸡蛋打入碗内，加上湿淀粉、面粉，搅成鸡蛋糊。

将炒勺置火上烧热，放入植物油，烧至六成热时，把豆腐块蘸上干淀粉再挂上蛋糊，下油锅炸呈金黄色，捞出，沥油。

炒勺内放清水少许，下入白糖搅炒，使其融化起大泡，直至糖浓缩能起丝时，下入炸好的豆腐块翻炒几下，放入鲜玫瑰丝、青丝，见糖发白时盛入盘内，再撒上白糖即可。

【特点】色彩泼白，外焦里嫩，甜香，为应时甜菜之一。

玫瑰香蕉

【原料】鲜玫瑰1朵，香蕉500克，面粉、白糖、鸡蛋、芝麻仁、淀粉、花生油各适量。

【制法】把香蕉去皮，切成转刀块；将鲜玫瑰花洗净，控干水，切成粗丝；鸡蛋打入碗内，加面粉、湿淀粉，拌匀调成糊；芝麻仁淘洗干净，炒熟。

炒锅置火上，注入花生油，烧至五成熟时，将香蕉裹一层面糊，逐块放入油锅，炸至金黄色时捞出，控干油。

锅内留底油少许，放入白糖，待糖炒至黄色时下入炸好的香蕉块，翻炒几下，使白糖全部裹在香蕉上面。在白糖香蕉上撒上熟芝麻仁，颠翻几下，盛入抹好油的平盘内。再撒上鲜玫瑰花丝后即可上席。

【特点】色彩美观，爽脆香甜，为应时宴会甜菜之一。

食品雕刻中的月季花雕法

食品雕刻是我国烹饪技术中的一个重要组成部分，是烹饪技术与艺术的结合，它是一门特殊的技艺。制作成月季花的作品也有很多，平面雕中的玻璃雕、石雕、木雕、竹雕、和泡沫雕等，立体雕中的石雕、木雕、铜雕、黄油雕和果蔬品中的雕刻等。下面列举几种在食品雕刻中月季花的雕刻方法。

旋刻的雕刻方法（约5分钟）

1. 原料：心里美萝卜（也可选用红萝卜等）

2. 工具：2号平口刀

3. 类型：整雕

4. 步骤：注：一般情况下，右手握刀，左手持原料；当然左手握刀也可以。① 打坯：用旋刀法将萝卜旋成圆台形状；② 雕刻第一层花瓣：采用旋刀法，在圆台的外面刻出比较均匀的5片花瓣，由上至下雕刻出第一层的第一片花瓣，依次雕刻出剩余的4片花瓣；③ 依次类推，雕刻出第二、三、四层花瓣：从第二层开始，在2片花瓣的中间，交替刻出下一层的花瓣；④ 最后雕刻花芯，月季花即成。

5. 操作关键：① 在旋圆台的时候要注意旋的角度，进刀的方向；② 分瓣时起刀不可太高，否则易造成直刻或旋刻脱节，影响美观；③ 在旋第3层的时候，刀体竖起的方向与原料横截面基本上呈90度；④ 雕刻过程中要下刀准确，修整去料要干净。

直刻的雕刻方法（约5分钟）

1. 原料：心里美萝卜（也可选用红萝卜等）

2. 工具：2号平口刀

3. 类型：整雕

4. 步骤：① 打坯：若萝卜段的横截面不是圆形的，将其修圆；② 雕刻第一层花瓣：采用直刀法，在坯体的外面刻出比较均匀的5片花瓣，由上至下雕刻出第一层的第一片花瓣，依次雕刻出剩余的4片花瓣；③ 依次类推，雕刻出第二、三、四层花瓣。从第二层开始，在2片花瓣的中间，交替刻出下一层的花瓣；④ 最后雕刻花心，月季花即成。

5. 操作关键：① 在刻第1层花瓣的第5片时，在直刻的同时刀尖呈弧形运刀，以保证第1片花瓣被刻破；② 去第2层废料时，下刀的方向与原料横截面基本上呈90度运刀；③ 刻第3、4、5层时，要注意下刀的方向，以保证花瓣的完整性；

直刻与旋刻相结合的雕刻方法（约8分钟）

1. 原料：心里美萝卜（也可选用红萝卜等）
2. 工具：2号平口刀
3. 类型：整雕
4. 步骤：① 打坯：若萝卜段的横截面不是圆形的，将其修圆；② 雕刻第一层花瓣：采用直刀法，在坯体的外面刻出比较均匀的5片花瓣，由上至下雕刻出第一层的第一片花瓣，依次雕刻出剩余的4片花瓣；用同样的方法刻出第二、三层花瓣；③ 采用旋的刀法雕刻出第四层花瓣；④ 雕刻最后一层花心，月季花即成。
5. 操作关键：① 在刻第1层花瓣的第5片时，在直刻的同时刀尖呈弧形运刀，以保证第1片花瓣被刻破；②（从第3层开始为花蕾部分）在雕刻第3层的第1片前，先在靠近第2层任一片花瓣的中间处刻一刀，以保证第3层花瓣的交叉；
6. 简评：用此法雕刻的月季花，第一、二层花瓣采用直刻，第三、四、五层采用旋刻。作品的视觉效果比方法二雕刻的好看。

（王敏平）

玫瑰花的作用及功效

　　玫瑰药用。玫瑰主要以花蕾入药，其叶、根也可药用。玫瑰花含丰富的维生素A、C、B、E、K，以及单宁酸，能改善内分泌失调，对消除疲劳和伤口愈合也有帮助。调气血，调理女性生理问题，促进血液循环，美容，调经，利尿，缓和肠胃神经。玫瑰花具有理气、活血、调经的功能，对肝胃气痛、月经不调、赤白带下、疮疖初起和跌打损伤等症有独特疗效可治慢性胃炎及肝炎，疏肝解郁，健脾降火活血散淤等功效；能治腹中冷痛，顺行血气、安神、通便，降火。还可用于食疗，如玫瑰花泡茶可治疗食道痉挛引起的上腹胀痛。

　　玫瑰的保健功能。玫瑰花性温和、男女皆宜。可缓和情绪、对肝及胃有调理的作用、并可消除疲劳、改善体质。玫瑰花茶的味道清香幽雅，滋润养颜，护肤美容，保护肝脏，促进血液循环之功能。常饮玫瑰花茶，可去除皮肤上的黑斑，令皮肤嫩白自然，预防皱抗皱；此外，还常用作糖果、糕点、饮料、香槟的高级香料添加剂；美容：防皱纹，防冻伤，养颜美容。身体疲劳酸痛时，取些来按摩也相当合适。对因内分泌紊乱而肥胖者有较好疗效；有调经活血之效，玫瑰花茶香味浓烈，可治疗口臭，长期饮用可改善睡眠。据研究显示，玫瑰精油里含有70%的醇类化合物，对于皮肤保养、情绪调节、生理保健等具有诸多神奇功效，因此除了有"天然植物精油皇后"的美誉之外，还有"液体黄金"的美称。从玫瑰花中提炼的芳香油畅销国内外市场，其价格为黄金的1～2倍，不仅为世界名贵香料，还具美容养颜、抗衰老作用。

玫瑰产品及用途

◎ 玫瑰纯露　具有补水保湿，激活老化、干燥皮肤，促进皮肤血液循环。

◎ 玫瑰花瓣凝露　成分：玫瑰花瓣、天然酿造玫瑰花蜜、玫瑰精油、水溶玻尿酸。主要功效：玫瑰花瓣凝露具有镇静安抚皮肤、美白、保湿、淡化黑色素，滋养、抗皱，补水、锁水等功效。水溶性玻尿酸不仅有保持皮肤弹性的功能，还能锁住大量水分子，对组织具有保湿润滑作用，使肌肤饱满年轻有弹性。用法用量：取本品于掌心，揉搓后均匀涂于肌肤，并轻轻拍打，使肌肤完全吸收。

◎ 玫瑰细胞液　作用。爽肤：洗脸后，把玫瑰花细胞液均匀喷在脸上，用手轻轻拍打脸部；护肤：作为化妆水，搭配基底油和精油制作乳液，在玫瑰花细胞液中加入少量精油能增进护肤效果。

修护：日晒后可用冰箱存放过的细胞液进行冷敷，可以舒缓日晒后肌肤红肿和减轻刺痛感。

饮用：百分百天然玫瑰花细胞液可以以1：10兑纯净水饮用达到调理荷尔蒙分泌的作用。

◎ 玫瑰鲜萃素　玫瑰鲜萃素又被称作"口服化妆品"，可以从内而外通过调节人体内分泌，从而改善肤质。鲜萃素内含有大量的原花青素，而原花青素内在的养生保健功效在国际上已经家喻户晓，被称为"软黄金"！它的抗氧化、消除自由基的功效被广泛应用。在欧美西方国家的美容界，原花青素被称为"青春营养品""口服化妆品"，前苏联宇航员，把玫瑰鲜萃素制成饮料饮用，以防御在太空飞行时，受到的各种射线的伤害。原花青素可以快速地清除人体内多余的自由基，可以预防自由基引起的各种疾病。

营养成分：平阴重瓣红玫瑰，麦芽糊精。54朵玫瑰花蕾可以浓缩为1g玫瑰鲜萃素，高浓缩，少辅料，富含原花青素。

◎ 玫瑰鲜花液　玫瑰食品饮料非常好的天然原材料。

◎ 玫瑰花冠茶　花茶中的极品。玫瑰花茶的味道清香幽雅，能够温养人的心肝血脉，舒发体内郁气，有镇静、安抚、抗抑郁的功效。玫瑰花含丰富的维生素A、C、

B、E、K以及单宁酸，能改善内分泌失调，可调理气血、促进血液循环，调理女性生理问题。玫瑰花茶性质温和，且有消除疲劳，愈合伤口，并能保护肝脏胃肠功能，帮助排清身体毒素，长期饮用亦有助于促进新陈代谢。由于玫瑰花茶有一股浓烈的花香，治疗口臭效果也很好。

◎ 玫瑰精油　可广泛应用于中医芳疗产业，通过精油按摩穴位、疏通经络，从体内体外进行健康预防和疾病康复。

◎ 玫瑰日化　玫瑰精油精油皂。成分：玫瑰精油，玫瑰花瓣去离子水，甘油，糖，橄榄油，甜杏仁油，等多种本草植物萃取精华。

功效：玫瑰精油皂不添加人工香精，矿物油，色素等有害成分，真正做到温和呵护肌肤。蕴含玫瑰精油和多种植物精华，柔和深层清洁皮肤污垢，使皮肤由内而外的白皙水嫩，改善暗黄粗糙，散发淡淡的清香，促进细胞再生、防止肌肤老化、平抚肌肤细纹，适用于各种肌肤；具有紧实、舒缓的特性。

使用方法：洁面：将玫瑰精油手工皂打湿在手心搓揉起泡后，慢慢在脸上打圈，停留时间不超过1分钟，并用清水冲洗干净，擦干水后进行日常皮肤护理。用皂洗脸后，再滋润的皂皂，也还是有必要进行正常的护肤。正常护肤顺序：卸妆－洁面－精华液－凝露或面霜。沐浴：直接用于肌肤上或搭配沐浴球、沐浴刷使用，泡沫会更丰富，享受泡泡浴的感觉。由于在制作过程中不需要高温加热，最大限度地保留了植物油和其他添加物中含有天然维生素和营养成分，因此是皮肤最好的保养品。

◎ 玫瑰鲜花饼　鲜花饼早在300多年的清代由一位制饼师傅创造，由于鲜花饼具有花香沁心、甜而不腻、养颜美容的特点，而广为流传。随着鲜花饼名声的日益升华，经朝内官员的进贡，使之一跃成为宫廷御点，并深得乾隆皇帝的喜爱，并获得其钦点："以后祭神点心用玫瑰花饼不必奏请即可。"

玫瑰鲜花饼鲜香可口，更加健康。外观白中泛黄，入口香而不腻，完全不用有长胖的烦恼，口口玫瑰花香是可以尽情享用美食。

◎ 玫瑰酒　玫瑰酒清澈透明，冰清玉质，散发独特的玫瑰芳香，香而不腻，入口绵甜，醇正柔和，回味悠长。具有：祛风寒，降血压，滋阴补肾，提神醒脑，行气解郁、和气散瘀、理气开窍等功效。还是治疗妇科病、心脑血管病、跌打损伤的良药。

黔莼白－玫瑰花酒是贵州花酒的一种，由贵州省镇远贵州花酒酒业有限公司生产。规格：42VOL% 500mL选自玫瑰基地原生态玫瑰花原料，以"纯玫瑰花"为原料，经陶坛发酵，足年坛藏精酿而成，酒水层次丰满，酒感绵甜柔和，后味爽净悠长，花香独特。

◎ 玫瑰养生酒　由南阳市卧龙区谢庄镇玫瑰基地与郑州大学博士研发而成，原料取自玫瑰基地，采用自然加工流程，在发酵过程中完好保留和提升了玫瑰的保健功效。

◎ 玫瑰疗愈　园艺疗法（Horticultural Therapy）是借由实际接触和运用园艺材料，维护美化植物或盆栽和庭园，接触自然环境，与植物互动，积极运用园艺植物、园艺操作活动以及园林绿地环境对人产生的直接的、间接的作用，从而舒解压力，调整情绪、情感，改善身心状态，维持和增进健康，提高生活品质，复健心灵的一种辅助治疗手段。园艺疗法整合了心理学、临床医学、社会学、植物学、园艺学和景观设计等学科优势，因其功效综合、无副作用而被认为是解决这些社会问题的最有效方法之一。

园艺疗法引入我国以后，得到了快速的发展，中国社工联专门成立了园艺疗法的社团，促进园艺疗法在我国的推广和实践。中国花卉协会月季分会一直致力于推广月季的栽培、育种、科研、应用以及月季文化的弘扬。2018 年 8 月，中国花卉协会月季分会在风景秀丽的江苏省扬州市康盛玫瑰园举办 2018 中国扬州园艺疗法与玫瑰疗愈学术论坛。论坛邀请国内外专家分享园艺疗法的理论和实践，进一步推广玫瑰园艺疗法。

◎ 中医芳香疗法　玫瑰以花蕾或初开花入药，具有理气、解郁、活血、调经、归肝、通经等功效，其药用价值在我国《药典》《中医方剂大辞典》《中药成方制剂》《食物本草》等诸多医药典籍中均有记载：玫瑰花主利肺脾，益肝胆，辟邪恶之气，食之芳香甘美，令人神爽，具有活血行血，理气，治风痹、乳疼等功效。

近年来由于滥用抗生素造成超级细菌成为医学难题，精油和芳香疗法重新引起医学界的重视，玫瑰是纯天然的芳香原料，平阴重瓣红玫瑰是经国家卫生部批准的可食用玫瑰品种，以其广泛的药用价值成为中医芳香疗法产业的重要原料。

我国传统的"药食同源"思想即是一种养生思想的反映，其中包括中医学的食养、食疗和药膳等内容。食养是依据个人体质，科学严谨的搭配食材，从而起到养生保健的作用。在疾病初起和渐消期时，可合理运用食养利润，扶正以祛邪，是养身的上上之策。

食疗则是以中医学辨证论治和整体观念为基础，将食物作为药物，运用方剂学原理施治。而"食疗"一词起源于《千金方·食治》，其所云："知其所犯，以食治治，食疗不愈，然后命药。"充分说明食疗的地位已经具有"治"的趋势，更适合病人的实用。唐·孟诜《食疗本草》，敦煌残卷是全世界最早的一部药膳学方面的专著，集古代"药食同源"理论之大成，与当今营养学相联系，为"药食同源"的发展做出了巨大的贡献，因此孟诜也被誉为食疗学的鼻祖。

药膳是将药物与食物结合的产物，是食养、食疗的拓展物，是"药食同源"理论最璀璨的成果，是养生学中最为重要的一大提升和飞跃，提高了食疗、食养的作用效果——疗效显著增加；扩大了气作用范围——食用性药物的加入；更丰富了养疗种类——原材料增多。

李时珍《本草纲目》以中医五行学说为核心，以"五味"发挥五行学说，被认为是集前朝养、疗本草之大成，是前人"药食同源"理论和实践的总结，并在该基础上衍生出自己独特的理论体系，有力地证实了中医"药食同源"理论。

由此可见，重视"药食同源"在养生保健行业中的机遇与挑战，选择药食同源的中药如玫瑰等作为研究的主要选择，既能保证安全，又能确保具有一定的效果，通过借鉴食品产业的发展成果，结合中医药的特色和技术优势，尤其是同源中药提取物的应用，将会带来意想不到的社会和经济效益。

9

南阳月季文化

南阳月季发展史

南阳月季历史久远

南阳地处南北气候过渡带，古人用"春前有雨花开早，秋后无霜叶落迟"来形容南阳独特的气候，非常适宜月季等花卉苗木的生长。南阳月季栽培历史悠久，始于唐宋，兴于明清，发展于当代。

东汉天文学家、文学家张衡（78—139年）《南都赋》记载："於显乐都，既丽且康……若其园圃，则有蓼蕺蘘荷，薯蔗姜，菥荣芋瓜。乃有樱梅山柿，侯桃梨栗。樗枣若留，穰橙邓橘。其香草则有薜荔蕙若，薇芜荪苌。晻暖蓊蔚，含芬吐芳"。这是张衡对家乡香草遍地、瓜果累累、繁花盛开的由衷赞美。

屈原（339—278年）《楚辞·九歌·涉江》中记载："露申辛夷，死林薄兮。"露申又名锦被堆，乃香月季也。说明战国时期（当时南阳属楚国）楚国人民已开始种植和利用锦被堆、香月季等植物，并建立了兰圃、蕙圃、芷圃等。

唐朝大诗人李白（701—762年）《南都行》赞曰："南都信佳丽，武阙横西关。白水真人居，万商罗鄽阛。高楼对紫陌，甲第连青山……遨游盛宛洛，冠盖随风还。走马红阳城，呼鹰白河湾"。这首诗是李白路过南阳时所题，此诗写出了南阳人才汇集，物产丰饶，山川大地之美，不乏有月季花的影子。

宋代诗人王安石（1021—1086年）所作《次韵答彦珍》曰："手得封题手自开，一篇美玉缀玫瑰……君卧南阳惟畎亩，我行西路亦风埃。相逢不必嗟劳事，尚欲赓歌咏起哉"。这是王安石在南阳耕田种地的朋友写给他的信，信中以玫瑰比喻文章的优美。可见，当时玫瑰已进入文人骚客诗词、文章之中，它已有栽植。

古韵（卢国伟摄）

自汉代以来，南阳的王室贵族开始在庭院种植，唐宋时期，我国的月季花主要栽培在陕西、河南一带，是月季发展较快的时期，月季种植流传至民间。从李白的《南都行》、王安石的《次韵答彦珍》，可以看到南阳月季种植的历史痕迹。

明清时期月季以河南、山东为盛，南阳也是月季栽培的主要区域。中国近代，南阳也同全国其他地方一样，月季花卉栽培少。

南阳月季产业蓬勃发展

中华人民共和国成立后，南阳月季受国家政策、经济发展影响，虽几经起伏，但逐渐步入良性发展轨道，2010年以来进入快速发展阶段。1949年以来，南阳月季发展大体可分为五个阶段。

1949—1977年，南阳月季花卉有所种植，但面积不大。

1978—1988年，南阳月季起步发展。1978年，党的十一届三中全会召开，提倡发展私有经济，实行联产承包责任制，南阳月季由城市、乡村绿化观花为主到家庭种植、规模经营。1980年，卧龙区石桥镇李文鲜在自家院内、房顶种植月季，运到南阳城区售卖，当时每盆价格4元，带动了南阳市民种养月季。起初种植的品种有‘明

独遗春光住画中（郑瑞晨摄）

星'、'黑旋风'、'香百梨'、'春'、'状元红'等30多个。1981年、1982年，他在自家三分自留地内种植月季。1982年，时任南阳市建委主任闫文豪号召下属单位购买月季，在南阳市人民公园举办展览，李文鲜拿出500盆月季参加展览，并以每盆1.8元的低价卖给市民（当时价格每盆2.5元）。《半月谈》23期以"花美心灵更美"为题进行报道，在全国引起轰动。全国（除西藏外）各地纷纷汇款，以每盆2元（含邮费）的价格寄买月季花。自此，南阳月季打开销路、销往全国。1983年、1984年，月季价格行情基本稳定。1984年，李文鲜发展10户村民共同种植月季。1985年，李文鲜与赵国有连同村里8户农民合作育苗、对半分成，发展月季8亩，挂"李家花圃"牌子，苗木主要销往平顶山以及东北的哈尔滨、牡丹江等地，带动村民共同致富。1986年，在全国科技致富能手大会上，受到时任国务院副总理方毅的亲自接见，被授予"月季大王"称号。1987年，赵国有与李文鲜合作育苗结束，赵国有到清华育苗，李文鲜和原来参与的农户在本地育苗，面积扩大到30余亩（原自家院子和房顶不再种植）、品种100多个。这一时期，南阳月季产业由家庭式、小作坊式，逐步发展成帮扶育苗、合作育苗、品牌育苗，面积由起初的不足一分地，扩大到近120亩，初步形成规模效益。

1989－1991年，南阳月季发展面积减少、产业萎缩。20世纪80年代末，国家三年治理整顿让很多种花者弃花种田，南阳月季育苗面积大幅度压缩，由118亩减少到27亩，苗木处于滞销状态。

1992－2009年，南阳月季进入较快发展阶段。1992年邓小平"南巡"讲话后，我国扩大改革开放，发展社会主义市场经济，加快了月季产业发展。李文鲜当年扩繁月季面积70亩，面积达到100多亩。赵国有在潦河建立基地的基础上，又回到石桥集中发展月季50多亩。1993－1994年，李文鲜月季面积扩大到600多亩，下辖施庄、小石桥、潦河等四个基地；赵国有月季基地面积100多亩，其他种植户也不断扩大规模，全市月季面积达1300余亩。南阳月季基地、南阳月季集团相继成立，并被中国花卉协会吸收为团体会员。1997年，南阳月季基地与石桥镇政府合作发展月季产业，规模由初期的500多亩、发展到1000余亩，到2000年达到1500亩，南阳月季发展出现小高峰。2001年，随着中国加入WTO，一些外国公司纷纷到南阳订购月季。2002年，日本一家公司购买南阳月季基地苗木1.7万株。2003年出口德国多米尼克公司月季苗木120多万株。同年，受"非典"影响，南阳月季产业发展受到很大影响，购买月季客户减少、订单减少，种植户损失较大。2004年、2005年，南阳月季先后出口荷兰、俄罗斯、美国等国。2008年，南阳月季产业出现新的发展高潮，种植面积近万亩，年出口苗木600万株。2008年，南阳月季合作社成立，吸引一些种植大户参与发展月季。这一时期，南阳月季产业规模不断扩大、面积达到1400亩，由露天育苗变为大棚育苗、嫁接、管理等技术水平不断提高；公司、合作社应运而生，形成规模化发展、产业化经营。2000年，卧龙区石桥镇被国家林业局、中国花卉协会命名为"中国月季之乡"。

2010年至今，南阳月季（玫瑰）产业进入快速发展阶段。2010年5月，卧龙区举办第一届月季文化节，扩大宣传影响，加快月季产业发展。同年，南阳月季博览园启动建设。2012年，受中国出口的苗木花卉星天牛等有害生物影响，南阳月季出口遭遇瓶颈，后经交涉禁令解除。南阳月季合作社在种植月季的同时，引进保加利亚'大马士革''丰花一号''四季'等食用玫瑰优良品种，试种面积30亩。当年，南阳市以举办第7届全国农运会为契机，开展"优美花城迎农运"行动，在中心城区广植月季，两年种植月季500万株以上，形成了工业路、文化路等月季景观大道，月季栽遍南阳城区大街小巷。2013年，龚旭光成立嘉农农业科技开发有限公司，他从山东引进'白玫瑰''大马士革''丰花一号'三个品种，发展面积327亩。2014年4月，进行玫瑰低温烘干，制作玫瑰花茶；同年12月，玫瑰种植面积达到807亩，同时又与邓州、社旗、宛城等种植户合作，种植600多亩。2015年，邓州、唐河又扩大面积320亩，种植面积达1727亩，每亩年产玫瑰花蕾300多千克。当年加工销售玫瑰花茶20多吨、玫瑰酱16吨。龚旭光专注研发生产加工玫瑰化妆品和食品，研发化妆品、食品类衍生产品，提炼玫瑰精油。南阳玫瑰产业进入种植、加工、销售产业化发展阶段。2015年7月，中国月季交易网建立运行，拓展了月季交易渠道。2016年南阳月季发展迈进重要节点，10月，南阳市成功申办2019世界月季洲际大会。2017年2月，南阳市委、市政府召开动员大会，下发世界月季名城工作方案，自此大会筹备和月季名城建设全面展开。2018年12月，南阳市政府授予赵磊、李付昌、王超、王祥、苏金朋、刘玉、赵国

南阳月季农业发展有限公司及月季食品

强、陈新国、王桂雨、苏玉果、王书祥、孙聚有、王怀青等13人为首批"南阳月季大师"，引领南阳月季产业快速发展。这一时期，南阳市利用举办农运会、月季花会，参加世界月季盛会，加大宣传推介力度，打响月季品牌。同时，引进发展玫瑰产业、进行深加工，月季（玫瑰）进入快速发展阶段，面积不断扩大，知名度不断提高。利用互联网新业态，实行订单育苗、网上销售，月季（玫瑰）产业进一步做大做强。

品种培育。多年来，南阳月季品种丰富、色彩多样、种类繁多。主要培育有大花月季、丰花月季、微型月季、藤本月季、地被月季、树状月季、古桩月季等类型；栽培品种有'绯扇''粉扇''希望''绿野'等2000多个；月季色系有白色、黄色、橙色、粉红、红色、复色等10多个色系。南阳月季基地筛选培育的'夏令营''粉扇''卧龙''双藤'等优质月季新品种50余种。南阳月季合作社通过杂交育种、辐射育种、芽变育种，培育藤本月季品种'藤红双喜''藤和平''画魂'及丰花月季'彩蝶'等。2017年，南阳市启动月季新品种引进工程，至2018年底收集引进名优月季新品种近4000种。

规模经营。南阳月季由起初的庭院种植发展到现在的10万亩种植规模，辐射16个县区，年出圃苗木8亿株，年产值20亿元。现有月季花卉企业466家，规模在1000亩以上有7家、500～1000亩有23家，市级龙头企业9家、省级以上龙头企业3家，从事月季生产人员超过10万人。

企业引领。先后成立南阳月季基地、南阳月季集团、南阳月季合作社、金鹏月季等龙头企业，采取"龙头企业+公司+基地""月季合作社+农户""大户+产业农民"等模式，带动月季种植经营由零散农户、小作坊生产向规模化、集团化发展。

技术创新。多年来，南阳育苗企业、大户在生产实践中形成一套行之有效的苗木快繁快育技术、月季栽培管理技术，达到国内先进水平。南阳月季集团加强月季切花嫁接、切花扦插苗、大花观赏、地栽盆栽各色系丰花、微型系列培育研究，技术取得多项突破。南阳月季基地制定《月季新品种培育标准》《扦插月季生产技术规范》

《月季种苗技术标准》等11项技术标准。制定月季标准化管理体系，2005年通过国家ISO9001质量管理体系认证，并得到荷兰MPS国际花卉认证。在生产中，普遍应用滴灌、微喷、扦插育苗、全自动温室育苗等技术，实现工厂化育苗。

市场营销。南阳月季由种植初期个人推销，到20世纪80年代以来坐拥客户。现建立中国月季交易网，依托互联网优势，专业提供月季品种、实时价格、采购资源和商务信息等服务，带动整个行业走线上接单、线下成交的O2O升级转型发展。建立了稳固客户来源，每年全国各地慕名到南阳购买苗木；同时，产品远销美国、荷兰、德国、俄罗斯、日本及东南亚国家。南阳月季苗木供应量占国内的80%，出口量占全国的70%。

产业融合。做到产业发展与产品加工、生态旅游相结合，利用月季、玫瑰资源，制作月季花饼、提炼玫瑰精油；借助节会举办，制作以月季为主题的烙画、玉雕、书画等工艺产品；依托月季种植，打造月季产业观光带，建成了南阳月季博览园、南阳月季公园、南阳月季园，发展集月季新品种展示和游、购、娱、餐为一体的生态旅游业，带动群众增收致富，促进一、二、三产业融合发展。

南阳月季产业发展，引起国家、省领导高度重视以及省内外广泛关注。仅2013年以来，先后有沈阳市、淮安市、常州市、郑州市、新乡市等月季市花城市以及新疆库尔勒市和静县、浙江海宁市、湖北黄冈市、洛阳市等30多个城市组团考察学习南阳月季产业发展和城市月季园林应用。

南阳月季发展前景广阔

今后一个时期，南阳月季产业的发展目标是，成功举办2019世界月季洲际大会，打造世界月季名城，弘扬月季文化，打响南阳月季品牌。建立月季种质资源基因库，收集保存月季、蔷薇、玫瑰品种8000个以上；把南阳建设成为全国月季、玫瑰及其衍生品的繁育、生产加工、出口基地。加快月季产业发展，全市月季、玫瑰规模面积由现在的10万亩发展到15万亩，搞好月季、玫瑰产品深加工，加快发展以生态旅游、花卉康养为主的第三产业，实现月季、玫瑰产业产值100亿元。

建设重点是，着力打造四大工程：一是月季花卉产业发展工程。突出发展月季、玉兰等特色花卉产业，加快全市特色花卉产业发展。深度开发月季、玫瑰在化妆品、医药品、保健品、食品、饮料等领域新产品。利用"互联网+"，建立月季苗木销售网络，发展月季园艺物流产业。二是月季特色景观提升工程。中心城区以现有绿地为基础，融合南阳文化元素，打造月季特色景观。突出抓好城市门户月季景观、城市廊道月季景观、城市滨水月季景观、城市片区月季景观工程建设，提升城

上图 花开扶贫路（李德强摄）
下图 月季烙画

市月季游园、节点月季绿化美化水平。各县市区增植月季，建设"三个一工程"（1条月季大道，1个月季游园和1处月季基地），绿化美化城市。在广大农村推广种植月季，鼓励农民在房前屋后、文化广场栽种月季。建设月季特色小镇，融月季博物馆、月季电子商务、月季花卉市场和月季学术交流于一体，中西合璧，浪漫风情。三是月季新品种培育工程。收集保存蔷薇属野生种质资源、中国古老月季品种、现代月季品种和世界各国优良新品种，三年收集月季、蔷薇、玫瑰8000个以上，建成全国最大的月季种质资源库。开展月季研究，选育优良品种，培育优质种源。四是月季文化软实力提升工程。依托南阳厚重的历史文化和丰富的月季资源，深度挖掘、创作以月季为主题元素的玉雕、烙画、绘画、小说、诗歌、服饰服装等文化产品、文化作品；在城市建设管理中，营建以月季文化为主题的酒店、雕塑、公益广告等，丰富月季文化内涵和呈现方式。

南阳月季花事

南阳月季花会

南阳是中国月季故乡，月季是南阳重要花卉产业。为弘扬月季文化，加快月季产业发展，促进农民增收，推进经济社会发展。在中国花卉协会的重视和关注下，在中国花卉协会月季分会会长张佐双、副会长赵世伟的大力支持下，2010年以来，南阳市连续举办九届月季文

别有香超桃李外（王景丽摄）

化节会，办会规模不断扩大，内容不断丰富，影响力和知名度不断提升。

2010－2012年，在卧龙区石桥镇举办了中国月季之乡第一、二、三届月季文化节。每年5月5～18日期间举办。主体活动安排了名优月季品种展示、民俗文化表演比赛、书画及摄影作品展示（现场作画、摄影）、月季产业发展论坛、"走进月季之乡享受绿色生活"等活动，节会富有地方特色。第三届月季文化节期间，组织开展了南阳作家群文化采风活动，二月河、周同宾、行者、廖华歌等南阳著名作家，乔溪岩、马绍堂、刘奇、姜光明、张兼维等书画名家，用手中椽笔，咏月季、赞石桥、谱华章。南阳《躬耕》杂志特刊"第三届月季文化节"，记载和保存月季文化活动成果。

2013年4月28日至5月3日，以"花开玉都·美丽南阳"为主题，在市体育场第四届南阳月季文化节与南阳第十届玉雕节暨玉文化博览会开幕式同时举办。邀请世界月季联盟成员新西兰弗兰克月季有限公司总经理丹尼尔（Daniel）、澳大利亚月季品种登录权威劳瑞（Laurie）以及全国16个省会城市、3个直辖市、42个地级城市的花卉界知名人士270余人参加，这是节会举办以来人数最多、规模最大的花事活动。由卧龙区升格为南阳市举办。开幕式上举行了《花中皇后 南阳月季》个性化邮票揭幕，发行以月季为主题的邮票；开展月季赠送活动，免费向广大市民赠送月季，让月季走进社会、融入家庭，增强市民绿化美化意识。组织开展了插花艺术比赛、月季摄影大赛、精品月季展、月季赠送活动、参观月季生产基地、项目签约、月季文化及盆景展。

2014－2018年，第五届至第九届月季展每年展会时间安排在4月28日－5月3日，分别在南阳月季博览园、南阳月季公园、南阳市体育场举办，连续发行了《花中皇后 南阳月季》（第二至六组）个性化邮票。主体活动安排了参观月季生产基地、爱市花赏月季游园活动、月季新品种、盆栽精品月季展、月季文化展、月季花卉产业发展高端论坛等；2016年以来，连续三年组织开展了最美月季公（游）园、最美月季大道、最美月季庭院评比活动，节会内容丰富多彩。第六届南阳月季展与中国（南阳）月季展同期举办，这是南阳市首次举办国家月季花会。第七届月季展以"月季，城市因你而美丽"为主题，开幕式上河南大爱服饰有限公司员工们表演了《重回汉唐》《礼仪之邦》精彩文艺节目，举办了第二届全国林木种质资源利用与生态建设高端论坛，邀请中国科学院院士、中国林业科学研究院首席科学家唐守正等8位专家，围绕林木种质资源利用、月季品种选育与栽培技术研究、生态建设等内容作专题报告。举办了月季邮票及绘画展，展出《花中皇后 南阳月季》一至四组个性化邮票60版672枚，南阳月季文化极限邮集2框，精选历年来培育的月季新品种制作的邮资明信片以及20世纪80～90年代包含月季文化元素的南阳烟标等进行展示。组织近万名中小学生参加《花中皇后 南阳月季》邮票图稿绘画比赛，提交国画、剪贴画、水彩画、油画等各类绘画作品3000余件，现场展出53框900余幅优秀绘画作品。第八届南阳月季花会以"月

世界月季联合会主席凯文先生（左二）、会议委员会主席海格女士（右二）点赞南阳月季博览园

上图 月季摄影展开镜仪式
中图 第二届全国林木种质资源利用与生态建设高端论坛
下图 《重回汉唐》文艺节目

季花开·幸福南阳"为主题,这是我市成功申办2019世界月季洲际大会后,首次邀请世界月季联合会主席凯文·特里姆普、会议委员会主席海格·布里切特参加。第九届南阳月季花会以"相约健康养生地·畅游玉韵花香城"为主题,与中国·南阳第十五届玉雕文化节开幕式同时举办。首次举办了"幸福像花儿一样"集体婚礼,30对新郎、新娘手捧月季鲜花,在万众瞩目下举行婚礼仪式、喜结良缘。世界月季联合会主席凯文·特里姆普、会议委员会主席海格·布里切特等,为30对新人送上美好祝福。期间,举办了月季洲际大会筹备会,凯文·特里姆普、海格·布里切特、张佐双、赵世伟等听取南阳市工作进展情况汇报,深入交流,就大会举办提出建议。

南阳月季花絮

南阳市花月季

南阳月季栽培历史悠久，20世纪80年代已形成产业规模，栽遍大街小巷，销往国内外，在全国具有较高的知名度，深受广大群众喜爱。南阳月季具有典型性、代表性、广泛性、普遍性。1995年，南阳市第一届人民代表大会第八次会议，将月季确定为市花。李文鲜无偿向市委、市政府赠送月季4000盆、向人民公园赠送月季4000盆，宣传推广月季。

南阳月季文化元素

二月河与南阳月季。2012年4月，二月河为中国月季之乡（石桥）第三届月季文化节题词："中州名镇，宛北钟灵；张衡故里，月季飘香。"2015年4月，二月河为2016年世界月季洲际大会南阳月季展示园题名"南阳园"。2015年4月，二月河为2015年中国（南阳）月季展《中国月季》专辑2015年第1期题词："南阳月季走向全国，也走出了国门，明天南阳月季更好，为美丽中国、美丽世界再添光彩。"2014年7月2日，在国经五维（南阳）文化旅游开发有限公司主办的"卧龙岗文化旅游产业聚集区核心区开发暨5A级景区申办研讨会"上，二月河指出，"卧龙岗文化旅游产业聚集区核心区开发要大气，要和白河配合，让人一到白河，一到卧龙岗，或者是从这儿走到南阳的月季花丛里面，都能感觉是在南阳，感觉到是在一个中国历史文化名城里面，在一个拥有浓厚贵族气息和书卷气的地方徜徉"。2015年4月28日，二月河在南阳月季集邮文

二月河为2015年中国（南阳）月季展《中国月季》专辑题字

化论坛发言："我们做一件事情，要高品位从文化概念上给月季找一个文化定位，佛经里讲：毛吞大海，芥纳须弥。在方寸大的地方，可以容纳整个世界，集邮就是把大千世界浓缩为一个小小的名片，走进老百姓的千家万户。月季集邮研究对构建大美南阳是一个重要的文化组成部分，月季花的品位、色、香、味、韵、神，没有一样比牡丹花差，而且是多季开放，更适用于小家小户、普通民众在家里栽培，比牡丹更具有人民性，天生丽质、君子气，受到全国人民爱戴。"

南阳作家周同宾《石桥看月季小记》　　"进入月季园，却没见月季花，只看到枝叶披覆的月季苗和高干挺拔的月季树，凝聚着丰富绿色，蓬勃着盎然生机。枝头擎满花葶葵儿，圆滚滚的，鼓胀胀的，尖尖的顶端依稀露出丝丝胭脂色、玛瑙色、琥珀色、鹅黄色、鸭绿色、茄紫色、赭石色、柠檬色、荸荠色……这就活生生地注释着含苞待放的意思，还引人想起情窦初开的意思，或如美人咕嘟着小嘴儿似乎马上就要开颜嫣然一笑"。

南阳作家廖华歌《石桥点滴月季》　　"虽然，从审美的角度，大花小花一样静美，但月季那颇具花中皇后之尊之风韵的优雅，还是让人深感她那花朵大、格局大、一年长占四时春的非同寻常的花期。在石桥，花已非惯常所谓的风花雪月之意，花是很重大的事物！原本藤蔓的月季突然骨力铮铮，站成了一棵棵花树，就那样威武温情着，方阵般高擎起一朵朵五颜六色的花，花朵提升后的高度，给每一次仰望的目光写满了期待"。

月季之歌《月季花开好运来》（南阳市卧龙区田华宇、张中华）　　"醉了紫山云、醉了白河水，风吹雨打更娇艳，气节永不改……笑迎好运来，卧龙腾飞更精彩，笑迎宾朋来，大美南阳春常在。"歌曲采用南阳地方民间音乐曲调，以女声二声部合唱形式，旋律清新自然、流畅明快。歌词朴实无华而又不失亲切高雅，歌唱月季花开娇妍芬芳和常开不败的气节，歌曲通俗易懂、朗朗上口，并拍摄成**MTV**广泛宣传。

《玉韵花香》　　2018年4月26日，在中国南阳第十五届玉雕文化节暨第九届月季花会开幕式上演出《玉韵花香》精彩文艺节目，《月季欢歌等你来》《如花似玉沐春风》等节目，将南阳玉文化、月季文化与南阳历史文化融入其中，展现南阳深厚的文化底蕴。

赏月季诵经典润童年　　2018年5月，南阳市十五小学举办以"赏月季、诵经典、润童年"为主题诗词大会，师生们通过传唱和吟诵经典篇目，歌颂南阳家乡之美，同吟月季诗、共唱月季歌、弘扬月季文化。

"幸福像花儿一样"集体婚礼　　月季花开，幸福有爱。2018年4月27日，在第九届南阳月季花会期间举办"幸福像花儿一样"集体婚礼。随着音乐缓缓响起，30位新郎、新娘依次入场，新郎手捧月季花高声为爱告白，新娘一袭婚纱娇媚文雅落落大

满园春色关不住（张顺林摄）

方。花丛间，红毯、音乐、新人、掌声、礼花、祝福，月季般温馨浪漫、灿烂热烈。

世界月季联合会主席凯文·特里姆普、会议委员会主席海格·布里切特，市领导张富治、宋蕙等在婚礼现场为30对新人送上美好祝福。凯文·特里姆普说："南阳既有山之厚重，又有水之灵秀，让我们期待在此召开世界月季洲际大会，一个鸟语花香、幸福宜居的世界月季名城正款款走来。祝福南阳越来越美好，祝愿新人幸福愉快"。海格·布里切特向新人们祝福，她说："2019年我们继续相约南阳，希望南阳可以带给我们更多惊喜。"市委常委、宣传部长张富治说："月季是南阳的市花，也是南阳人爱情的象征。以花为媒永结同心，既是中华民族的美好传统，又象征着新人们未来的幸福生活如盛开的月季一样繁花似锦，绚丽多彩"。在大家的见证下，新郎、新娘互换戒指，共同浇灌幸福花。30对新人向宾朋献花、抛花，传递爱与幸福，喜结良缘。

南阳月季农运情缘

"优美花城"迎农运。为迎接第7届全国农运会举办，以鲜花喜迎农运盛会，2011年，南阳市在中心城区开展"优美花城"迎农运行动，广植市花月季，两年精心打造20条月季道路、9个月季游园、20个月季社区、60个月季庭院（单位），新建6个月季专类园、6个月季观赏园，在中心城区共栽植各种月季500万株以上，形成姹紫嫣红、花团锦簇的城市月季美景。

月季盛开农运会。2012年9月16日，在第7届全国农运会开幕式上，著名歌唱家

上图 玉韵花香节目　　**下图** "幸福像花儿一样"集体婚礼

宋祖英唱响本届农运会主题歌《中原担当》，伴随着激情歌声，1000多名女大学生身着粉色衣裙、踏着轻盈的脚步，伴随着婉转而悠扬的节奏，通过身姿与扇子的翩然结合，不断变幻出南阳市花——月季花造型，时而含苞欲放、秀丽淡雅，时而竞相开放、丛丛簇簇。随着音乐进入高潮，舞蹈演员在场地中央变换出一朵巨型月季，国强盛世、美丽的月季花怒放。以月季花为主题、将月季文化元素融入农运会开幕式表演中，别具一格，将南阳月季展现给全国人民。

专家、媒体赞誉南阳月季

专家赞南阳月季

凯文·特里姆普——2016年9月，世界月季联合会主席凯文考察南阳月季时由衷赞誉："南阳有着种类繁多的月季花卉、美不胜收的月季公园、独特丰富的旅游资源和热情友好的人民群众，这些都将成为举办世界月季洲际大会的有利条件。"2018年4月，在第九届月季花会期间，凯文谈起自己对南阳以及南阳月季的印象："南阳月季非常漂亮，是世界上最漂亮的月季城市之一"。

劳瑞——2013年4月，世界月季联盟代表、澳大利亚月季品种登录权威专家劳瑞（Laurie）："谢谢！南阳月季真的很好。""南阳月季品种多，花色好，在街道、公园、单位种植很好、很美"。

张佐双——2013年，中国花卉协会月季分会会长张佐双考察南阳月季文化节筹备时由衷感叹，"南阳月季甲天下，这将是一场月季的盛宴"。

何东成——2018年4月，在南阳月季花会举办期间河南省花卉协会会长何东成说："南阳利用世界月季洲际大会举办，让月季带动产业、城市发展，打造世界月季名片。"

媒体赞南阳月季

中央和香港媒体采访团——2013年4月，在"赏玉观花，走进南阳"新闻媒体采访活动中，中央及香港知名媒体记者深入南阳月季博览园、南阳月季基地采访，记者们纷纷赞誉，"美丽的南阳如花似玉"，愿用手中的笔和镜头宣传南阳的美丽，宣传南阳人如花似玉般的幸福生活。"踏入南阳就想到'如花似玉'这个词，连日来徜徉在花海里采访南阳的玉雕、月季，是一个享受美的过程，用繁花似锦、姹紫嫣红等美好的词语来形容南阳一点也不为过。"香港大公报记者蒋敏用诗一般的语言赞美南阳。

经济日报王伟——2013年4月，经济日报驻河南记者站站长王伟，深入南阳对月季产业发展进行调研，在经济日报发文赞誉："南阳月季产业，繁花似锦"。

上图 月季扮靓南阳城（谷雨摄）　**中图** 中心城区月季绿化　**下图** 机关庭院美化

南阳月季交流与合作

南阳市积极参加国内外展会活动，进行广泛交流，扩大宣传影响。2001年，南阳月季集团参加第五届中国花卉博览会，该公司承建的室外景区"玫瑰园"，以其占地面积大、栽种品种数量多、景观效果佳，被评为"最佳创作奖"，这是南阳市月季企业首次参加全国花事活动。2005年4月，南阳月季基地参加全国首届月季博览会，荣获金奖4个、银奖5个、铜奖7个，居参展单位之首；南阳成教月季基地荣获金奖1个、银奖1个、铜奖1个，这是南阳市月季企业参展获得奖项最多的一次。2014年5月，南阳市花卉协会组团参加山东莱州第六届中国月季花展，并应邀第一次建设月季展示园。2013年12月，南阳市参加海南三亚第五届中国月季花展暨首届三亚国际玫瑰节，市政协主席刘朝瑞、市政府副市长张生起带领市林业局等单位负责人参加花展活动，宣传南阳月季。2016年6月，南阳市参加北京大兴世界月季洲际大会，市政府致函中国花卉协会月季分会申请举办2019世界月季洲际大会，并与世界月季联合会主席凯文·特里姆普、会议委员会主席海格·布里切特进行座谈，请求支持南阳举办世界月季洲际大会；同年10月，世界月季联合会致函同意南阳市举办。2016年11月、2017年6月、2018年6月，南阳市政府、中国花卉协会月季分会连续三年组团，参加乌拉圭埃斯特角、斯洛文尼亚卢布尔雅那世界月季洲际大会及丹麦哥本哈根第十八届世界月季大会，宣传推介南阳及南阳月季，学习国际大会筹办经验，与世界各国代表深入交流，诚邀外宾参加南阳大会，并在丹麦首都哥本哈根接过2019世界月季洲际大会举办会旗。2018年10月，南阳市委常委、宣传部长张富治带队参加四川德阳第八届中国月季展，深入宣传南阳及洲际大会筹办情况，并接过第十届中国月季展举办会旗。2019年"三会合一"（2019世界月季洲际大会、第十届中国月季花会、第十届南阳月季花会）将在南阳举办。2001年以来，南阳市参加国内外花事活动21次，荣获各类奖项175项。

南阳市注重加强与大专院校、科研院所开展科技合作，培育月季新品种、推广应用新技术。1990年，南阳月季基地与河南省科学院同位素研究所合作繁育月季，被确定为河南省南阳中试基地（全国五大月季中试基地之一），合作发展月季40~50亩。1995年，南阳月季基地与北京市园林科学研究所（现为北京市园林科学研究院）合作培育藤本月季，繁育推广面积300多亩。同时，加强与中国花卉协会月季分会合作建设"南阳国家级月季种质资源库"，与西北农林科技大学合作建设月季实验站。2017年，南阳嘉农农业科技公司总经理龚旭光与郑州大学毕学峰（博士后）合作研发化妆

左图 北京大兴世界月季洲际大会获奖
右图 欧洲著名园艺家族多米尼克先生（Kurt Dominik，左二）到南阳月季基地考察

品、食品类衍生品，与中原工学院赵尧敏教授合作研发精油深加工产品和玫瑰精油提取、设备改进、工艺优化及品级提升等。2018年11月，龚旭光与台商达成协议合作加工玫瑰酵素。此外，南阳月季企业加强与中国林业科学研究院、华南农业大学及国内知名月季育种研究机构、企业开展合作，培育月季新品种、研发月季（玫瑰）新产品，不断提高科技水平。

南阳市在培育苗木、发展月季产业的同时，采取多种形式，推广交流，传播南阳月季。"中国月季推广大师"王波，20世纪90年代走出南阳，到北京大兴创业，种植月季，成立了北京纳波湾园艺有限公司，把南阳月季发展到北京，推广到海外包括荷兰、德国、法国等10多个国家和地区。南阳市利用节会，建立园区展示推广。2013年，成教月季基地在海南亚龙湾兰德玫瑰风情园栽植35个品种月季、面积290平方米，南阳月季花绽放异彩。2015年12月，上海合作组织成员国第十四次总理会议在郑州召开，卧龙区供应20万株月季栽植郑州市街头，为会议增添靓丽的风景。2016年4月，南阳市向武汉市政府赠送精品树状月季、藤本月季、大花月季和古桩月季千余株，主动对接"一带一路"和长江经济带国家战略。2017年，南阳在中央党校规划种植树状月季、古桩月季、花柱月季、花球月季4个类型、420株，提高绿化美化水平。2001年以来，南阳市先后在北京朝阳、大兴，河南郑州，山东莱州，四川德阳建立永久性月季园，展示南阳月季风采。

随着南阳月季产业兴起、月季知名度提升，对外交流合作日益频繁。2000年以来，有欧洲著名园艺家族多米尼克先生（Kurt Dominik）、瑞典农业专家皮特先生、德国Kemper－koelmannGmbH＆Co.KG总裁马科斯先生（Markus Koelmann）、法国岱笆乐苗圃总经理吉德维亚先生（Guy Devil Land）、著名香料世家阿涅勒小姐、荷兰著名园艺公司莫尔海姆公司（Moerheim）执行总裁路易斯先生（TH·Ruys）、K.Krom Hout＆Zone NB.Ⅴ.公司执行董事贝尔·基夫特先生、月季育种专家桑德博士（Sander Vissers）、欧绿园艺公司执行总裁杨·苔森先生、月季育种专家尼克尔先生（Nico Barendse）、土耳其客商Okul夫妇、以色列前农业部部长那夫它理·塞斯林教授（Naftaly Zislin）、加拿大恩德利园艺公司阿恩德兄弟（Arnd Enderlein、Jorg Enderleir）、日本COT公司门田哲人先生、CATC有限会社贸易代表小林靖男先生、东海园艺有限会社石田正幸先生、新月月季花卉株式会社社长古川正敏先生、著名园艺绿化公司国华园株式会社中谷幸夫先生、世界著名花卉学者和著名月季种植专家石川直树先生、韩国国际园艺种苗株式会社会长李承智先生等外国知名企业、专家，到南阳月季基地、南阳月季集团、南阳月季合作社等考察、洽谈，建立了长期业务关系。2002年以来，南阳月季企业已连续16年出口月季苗木，每年出口量都在几百万株以上。2016年1月，南阳市与郑州航空港试验区签署花卉产业发展战略合作协议，利用郑州航空港将南阳月季等花卉出口到欧洲。12月2日，由欧洲著名花卉集团DUMINK公司订购的南阳月季集团500万株苗木，首次通过郑欧专列直运德国，销往欧洲。自此，南阳月季苗木不但通过海运，而且通过陆路销往欧洲，南阳月季销往世界的路子越来越宽，对外合作交流越来越广。

南阳月季园区

南阳月季博览园

位于南阳市北郊，西倚独山森林公园，东临孔明路，与白河国家湿地公园隔路相望，紧临高速独山站，交通便利，位置优越。南阳月季基地2010年10月建设，规划面积3000余亩，总投资3亿元。园区一期建设面积1000余亩，分为名贵月季品种展示园、藤本月季造型园、古桩月季园、月季基因园、盆景月季园、百果园、百鸟园、月季花文化展览馆等。基因品种园30亩，引进精优月季、玫瑰、蔷薇品种1200余种、10万余株；古桩、树状月季园50亩，种植树状月季10000余株（盆），其中百年以上树龄

上图 南阳独山森林公园月季园　下图 南阳月季博览园（白金瑜摄）

的古桩月季3000余株（盆）；新品种试验园20亩；引进种植其他花卉植物800余种。园区注重文化氛围营造，搜集许多文人墨客赞美月季的诗句与汉文化融为一体，建成2000平方米的月季文化墙；建有汉白玉石雕"月季仙子"，似天女散花，矗立园中。博览园充分发挥龙头企业引领作用，以收集、保存、展示、开发月季（玫瑰、蔷薇）品种为主，是目前国内最大的月季展示园区。2016年1月，中国花卉协会月季分会复函支持月季博览园建设中国月季园。2018年8月，中国花卉协会授予南阳月季博览园"国家重点花文化基地"。

南阳月季公园

紧邻南阳体育场，南接邕河，北望独山，占地166.5亩。以月季花田、生态湿地、疏林草坪为主，结合南阳历史文化、月季文化和地域环境，融入海绵城市、节约型园林建设理念，构建以月季为主的城市公园。公园分为花海迎宾区、月季观赏区、滨水休闲区、休闲健身区和湿地景观区5大区域。公园栽植观赏乔木和乡土树种40余种、8000余株，花灌木30余种、近万株，地被植物25种、11万株，湿生植物10种、1500平方米，种植月季238个品种、10万余株。1000米主环路、3000米次园路、15000平方米广场和4000平方米人工湖，形成了花海似锦、青草如茵、阡陌纵横、小溪蜿蜒的公园美景。

中国林业科学研究院南阳月季园

位于中国林业科学研究院科技楼北侧，占地面积500平方米。栽植有树状月季、大花月季、微型月季、藤本月季等南阳特色名优月季品种30多种，2013年10月建成。

山东莱州南阳月季园

2014年5月，第六届中国月季展在莱州市举办。受莱州市政府邀请，南阳市在莱州中华月季园市花月季城市展区建立永久性月季展示园。设计主题为"汉风花韵"。以悠久的汉代石刻壁画为文化底蕴，通过园林组景方式，展示南阳具有代表性的大花月季、丰花月季、微型月季和南阳的古桩月季、树状月季等，并借助微地形，体现南阳山川秀美、生态优良、得天独厚的月季生长环境。栽培品种有特大花型的'粉扇''绯扇'，大花月季'梅朗口红''彩云''金奖章'等，丰花月季'金凤凰''武士''欢笑'，微型月季'小红帽'等；同时摆放南阳的古桩月季和树状月季。

北京朝阳淅川月季友谊园

位于奥林匹克公园南园西侧，毗邻淅川南水北调文化展馆，占地面积3.6亩，2015年9月建成。园区以"两地结情、友谊开花"为主题，结合周边自然环境，展示多类型月季在不同环境中的配置，园区中轴线以流畅波浪式模纹图案形成一片花海，栽植月季9308株。其中，地被月季8935株，造型月季夏令营球19株，树状月季'粉扇''绯扇'各151株，古桩月季52株。主要品种有'莫海姆''杰斯特乔伊''梅朗口红''红帽子''彩云''蓝河''红双喜''粉扇''绯扇''大红桃'等16个，突出月季的"华之美、行之美、色之美"，体现南水北调中线工程文化源远流长、生生不息，彰显京淅两地因水结缘、友谊情深、以花为媒、永为纪念。

北京大兴世界月季洲际大会南阳月季园

2016年5月，世界月季洲际大会在北京市大兴区举办。应大会组委会邀请，南阳市作为全国8个市花月季城市之一，在规划的城市园内建设永久性月季展示园，面积1200平方米。由北京林业大学地景园林规划设计院规划设计，以"花水相融——共享一市花，同饮一江水"为主题，以南水北调作为切入点，蕴含南阳与北京以花、水连情的故事脉络。设计分为"源起南阳、花水相融、惠泽京城"三个部分，结合景墙、花架、木平台、水景及抽象的水元素等景观为构筑物，升华南水北调主题。"源起南阳"应用景观转译的手法，源头、干渠南阳段水线抽象为景墙跌水、地雕等景观元素

大兴洲际大会获奖

北京月季展南阳园

南阳园

南阳园内景

展示源起的主题。"花水相融"主要利用花坛、铺装、月季等承载主题，通过环抱的铺装形态象征水，并配合花瓣状的月季花坡展示两城花水交融。"惠泽京城"通过水景、小品等展现北京的城市肌理，并运用"碗"作为承载水的容器表达惠泽京城的主题。园区共栽植树状月季60余株（'粉扇''绯扇''电子表'各20株），古木桩月季1株，藤本月季'红色龙沙宝石''粉色龙沙宝石''大游行''安吉拉''紫袍玉带''黄金庆典'各200株。著名作家二月河为园区题名"南阳园"。大兴区世界月季洲际大会执委会授予南阳市"室外造园展特等奖"。

郑州园博会南阳月季园

2017年5月，第十一届中国国际园林博览会在郑州市举办。由北京林业大学地景园林规划设计院规划设计，以"忆城·惜花·传文"为主题，构建自然、朴野、大气、极具南阳地域特色的展园。"忆城"："以城作骨"，将浓缩了南阳汉文化的夯土墙作为整个展园的骨架，形成城垣纵横、大气磅礴的布局基础，引导起承转合的空间游线；同时，通过汉宫苑墙上的汉画与雕刻，展现南阳悠久的历史文化。"惜花"："以花为底"，通过墙面雕刻，展陈南阳古老月季；同时将丰花月季、微型月季与树状月季进行不同方式的种植，充分展现南阳精湛的月季培育技术与花绽宛城的繁荣。"传文"："文作点缀"，结合历史景观和月季特色，将"五圣"点缀其中，升华景点品质和文化内涵，使"五圣"文化流芳百世。通过夯土墙、月季、"五圣"雕塑等构景要素的组合，充分体现南阳的汉文化、月季文化与"五圣"文化。展园以月季种植为主，栽植大花月季、丰花月季、微型月季、树状月季等30多个品种，树状月季80余棵、地被月季及其他类型月季5000余棵，形成大花月季与丰花月季大花坡、微型月季与丰花月季花台与树状月季种植池。同时将月季与一、二年生花卉、宿根花卉与观赏草精心搭配，局部采用花境布置手法，将单一的月季景观进行提升，丰富了展园植物造景。第十一届中国（郑州）国际园林博览会组委会授予南阳园"室外展园综合奖·金奖"。

四川德阳绵竹第八届中国月季展南阳月季园

2018年9月，第八届中国月季展在四川德阳绵竹举办。由北京林业大学地景园林规划设计院规划设计南阳展园。以"花语间·忆孔明"为主题，突出花脉文轴（花脉：看日新月异的月季花廊；文轴：望鞠躬尽瘁的孔明足迹），规划建设"一心"（宛城花海）"两翼"（汉宫流芳、香满国际），做到各类月季展现与园林小品相融合，把南阳与绵竹两地紧密联系起来（躬耕南阳布衣出身，初出茅庐崭露头角，入主蜀地运筹帷幄，尽瘁绵竹死而后已），富有文化特色，意味深长。展园内容包括南阳城月季文化历史、古老月季品种、生态种植技术、月季新品种及精品展示，种植有树状月季'粉扇''菲扇''茶香月季'等15个品种，树状月季16株、其他月季2000余株。第八届中国月季展组委会授予南阳市"月季室外造园艺术奖·金奖"。

南阳月季与南阳人文精神

南阳历史悠久，文化积淀深厚，厚重的文化底蕴铸就了南阳人民质朴厚道、坚忍不拔、大爱奉献的性格和品质，就像生长在南阳土地上的月季花一样。

南阳月季从不娇贵，天南地北都能生长繁殖；南阳月季勤奋质朴，月月开花，装扮大地；南阳月季花色多样，芳香馥郁，从不张扬，默默无闻地奉献着。南阳月季映射出南阳的人文精神。

南阳人民近年来在市委、市政府的正确领导下，励精图治，开拓创新，努力拼搏，以大气魄、大力度、大手笔，创造着一项又一项辉煌的业绩，"全国科技进步先进市""全国绿化模范城市""国家园林城市""国家森林城市""世界月季洲际大会""世界月季名城""中国月季之乡"……在这块古老的大地上书写着盛世发展的历史篇章。

南水北调中线工程"四年任务，两年完成"。南阳按期搬迁了丹江库区淅川16.5万移民。库区广大移民"顾大局、识大体、毁家纾难"的壮举和付出，为工程按期完工通水赢得了宝贵时间。人心齐，泰山移。整体搬迁，南阳人民谱写了一曲大团结、大

晴空下的繁荣（张国新摄）

放飞梦想（刘一村摄）

协作、大奉献的时代强音，诠释着大爱报国的无私情怀。

南阳擎起第七届全国农运会举办大旗，2012年全市人民凝聚起众志成城的精神力量，举办了一届"高水平、重节俭、有特色"的体育盛会。辉煌和成功的背后，凝结着南阳人民的担当和奉献。

南阳供应80%的国内月季苗木市场，70%的出口苗木。南阳人把小花卉做成大产业，栽遍大江南北，长城内外；漂洋过海，远销欧亚大陆，花开世界，为人们带来了美的享受。南阳月季彰显着责任和担当、付出和奉献，与移民精神、农运精神一脉相承。

大力弘扬"忠诚奉献、大爱报国"的移民精神和"勇于担当、务实重干"的农运精神，熔铸成新时代的"南阳精神"，凝聚起加快转型跨越、绿色崛起的南阳力量，奋力建设"生态大市、大美南阳"，创造南阳更加美好的明天！

南阳月季研究

2017年1月，南阳市成立月季研究院，集中开展月季新品种研发和培育、月季知识产权申报注册、月季成果推广应用、月季种质基因库建设等工作。近年来，先后组织开展了《月季在南阳市园林绿化中的应用》《月季反季节栽培技术研究》《月季优良砧木选择》《树状月季砧木收

集繁育》《月季轻基质培育》《树状月季替代砧木无刺蔷薇品种引种与栽培》等科研工作，制定了《树状月季栽培技术规程》《月季扦插育苗技术规程》《大花月季采穗圃营建技术规程》省级标准。加强优良品种及新品种选育，选育的优良品种'粉扇''东方之子'在生产中大量推广发展。2018年，编制《南阳月季品种名册》，收录大花茶香月季、灌丛月季、攀援月季、微型月季、地被月季2000余种，收录河南原生蔷薇23个。

参考文献

李少华. 传哲百年[M]. 香港：中国邮史出版社，2015.

李毅民，赵志贤. 中外花卉邮票[M]. 西安：陕西科学技术出版社，2000.

刘青林，连莉娟. 中国月季发展报告2018[M]. 北京：中国林业出版社，2018.

孟凡，张琳，媚道设计. 世界植物文化史论[M]. 南昌：江西科学技术出版社. 2017.

南阳市林业局. 南阳市林业志[M]. 北京：中国林业出版社，2018.

南阳市月季文化节组委会，南阳市委宣传部，南阳市文联. 月季花城 美丽南阳[M]. 郑州：大象出版社，2014.

孙少颖. 中国集邮史[M]. 北京：北京出版社，1999.

王世光，薛永卿. 中国现代月季[M]. 郑州：河南科学技术出版社，2010.

余树勋. 月季[M]. 北京：金盾出版社. 1992.

中华全国集邮联合会. 中国集邮大辞典[M]. 北京：中国大百科全书出版社，1996.

周武忠. 中国花文化史[M]. 深圳：海天出版社，2015.

索引

后记

　　《月季文化》一书付梓出版了。此书是2016年5月在北京大兴区世界月季洲际大会举办期间，获悉南阳市将申办2019世界月季洲际大会，月季集邮研究会开始组织收集月季文化方面的资料，并进行整理研究，编印成书。

　　三年来，在世界月季联合会、中国花卉协会、中国生态文化协会、中华全国集邮联合会、中国花卉协会月季分会、南阳市2019世界月季洲际大会筹备工作指挥部、南阳市林业局、中国邮政集团公司南阳市分公司、南阳市城市管理局、南阳市集邮协会、南阳市月季研究院、南阳市书画协会、南阳市摄影家协会、中国集邮报社、陕西省收藏家协会、陕西省集邮协会、湖南省收藏家协会、北京市大兴区农委、大兴区园林局、大兴区世界月季主题公园、深圳市月季园、常州市园林局、常州市月季园、北京市园林科学研究院、北京市植物园、北京市西派科技有限公司等单位的大力支持下，在中国当代科学画泰斗、著名邮票设计家曾孝濂，清华大学美术学院教授、著名画家、邮票设计家吴冠英，中国农业大学教授、月季专家刘青林，摄影家、月季文化专家王世光，中国花卉协会月季分会月季园工作委员会主任戚维平、月季专家李文凯等的鼎力支持参与下，使《月季文化》一书的编写取得良好效果。

　　在2019世界月季洲际大会申办、筹备和举办期间，月季集邮研究会与世界月季联合会、中国花卉协会月季分会、南阳市2019年世界月季洲际大会筹备工作指挥部举办了形式多样的文化活动，为本书的编写提供了更加丰富的月季文化内容。

　　世界月季联合会前主席凯文·特里姆普、海格·布里切特、杰拉德·梅兰，中国生态文化协会会长、中国花卉协会秘书长刘红，中华全国集邮联合会会长杨利民分别为《月季文化》一书题词："《月季文化》向世界传递了十分丰富的月季文化信息，是南阳、中国和本次大会向世界展示的十分令人难忘的精彩月季文化盛宴。""南阳让世界倾听月季花开的声音，因月季而美丽，因文化而出彩。""2019南阳世界月季洲际大会，不仅是全球的专业盛会，更是月季文化交流的盛会。""月季既是中国传统名花，又是世界名花，广受喜爱。学习中外月季文化，能让我们更加热爱这种美丽的花卉。""月季连五洲，邮票传文化"。著名作家、月季集邮研究会名誉会长二月河生前也一直关心和支持本书的编写。

　　编写组的同志们以对月季事业高度的责任感和使命感，倾心尽力。利用工作之余，牺牲双休日和节假日，深入月季企业，了解产业发展，追溯月季文化渊源，丰富月季文化内涵，力求本书内容更加丰富多彩。本书文章和图片有部分按照来源和作者意愿进行署名，未署名文章和图片为编写组人员撰写或参考有关资料等来源整理。本书在编写过程中采用和参考了一些作者的图片或文字资料，限于时间、信息来源等客观因素制约，仍有少部分作者没能联系到本人，在此一并致谢。请阅读到本书的作者与我们联系，将给予赠书酬谢。

　　此书旨在通过形式多样、内容丰富的月季文化展示，激发人们热爱月季，投身月季文化研究，繁荣月季文化事业，推动月季产业更好更快地发展，为人们追求更加幸福美好的生活贡献力量。但限于编者的水平与条件局限，本书不可避免地出现不足甚至错误，敬请专家和读者批评指正。

编者
2019年3月31日